Robotic Process Automation im Einsatz

Mario Richard Smeets · Ralf Jürgen Ostendorf ·
Andreas Freßmann

Robotic Process Automation im Einsatz

Strategische Ausrichtung – praktische
Umsetzung – revisionssichere
Implementierung

 Springer Gabler

Mario Richard Smeets
Viersen, Deutschland

Ralf Jürgen Ostendorf
Krefeld, Deutschland

Andreas Freßmann
Harsewinkel-Greffen, Deutschland

ISBN 978-3-658-41955-4   ISBN 978-3-658-41956-1 (eBook)
https://doi.org/10.1007/978-3-658-41956-1

Die Deutsche Nationalbibliothek verzeichnet diese Publikation in der Deutschen Nationalbibliografie; detaillierte bibliografische Daten sind im Internet über https://portal.dnb.de abrufbar.

Planung/Lektorat: Vivien Bender
Springer Gabler ist ein Imprint der eingetragenen Gesellschaft Springer Fachmedien Wiesbaden GmbH und ist ein Teil von Springer Nature.
Die Anschrift der Gesellschaft ist: Abraham-Lincoln-Str. 46, 65189 Wiesbaden, Germany

Inhaltsverzeichnis

Über die Autoren

Mario Richard Smeets hilft seinen Kunden als Management Berater dabei, Prozesse zu verschlanken und mit dem Einsatz neuester Technologien wie RPA und Künstlicher Intelligenz zu automatisieren. Als geschäftsführender Partner eines Beratungshauses mit Schwerpunkt in der Prozessautomatisierung unterstützt er Unternehmensverantwortliche in ihren strategischen Herausforderungen im Umgang mit neuen Technologien, aber auch in deren Implementierung. Mario Smeets ist Master of Business Administration mit Schwerpunkt Management of Financial Institutions und Master of Science der Wirtschaftswissenschaften.

Dr. Ralf Jürgen Ostendorf ist Professor für Finance and Business Management an der Hochschule Niederrhein sowie Lehrbeauftragter der Hochschule Osnabrück – Department für Duale Studien. Seine Schwerpunkte in Forschung, Lehre und Praxis sind: Finanzierung, Investition, Organisation, Controlling sowie die strategische Ausrichtung von Institutionen und Menschen. Praktische Erfahrung sammelte er u. a. als Prokurist und Bereichsleiter Controlling bei der BAG Bankaktiengesellschaft in Hamm sowie als Manager in verantwortlichen Positionen bei der Sparkasse in Sprockhovel und der MOHAG mbH Recklinghausen. Der Autor verfügt über folgende akademische Abschlüsse: Dipl.-Ök., Dipl. Bankbetriebswirt ADG, Dipl.-Hdl. und Dipl.-Soz.-Wiss.

(LichtBlick – Fotografie Paul Wiesmann, Recklinghausen)

 **Andreas Freßmann** ist Stabstellenleiter Revision und Pro-
kurist der Volksbank Beckum-Lippstadt eG. Er verfügt über
mehr als zwanzig Jahre Prüfungs- und Führungserfahrung im
Sparkassen- und Genossenschaftssektor in allen Bereichen
der bankbetrieblichen Revisionsarbeit (Vertriebs-, Betriebs-,
Kredit- und IT-Revision). Der Autor ist diplomierter Kauf-
mann der Betriebswirtschaftslehre.

Einleitung 1

In den vergangenen Jahren hat sich der Einsatz von softwarebasierten Tools zur Prozessautomatisierung etabliert, insbesondere in mittleren bis größeren Unternehmen. Dort findet die Unterstützung vor allem in sachbearbeitenden Bereichen, also überwiegend in den Backoffices und verwandten Unternehmensbereichen statt. Auch in Banken haben die – technisch oft sehr umfangreichen – Tools vermehrt Einzug gehalten. Hier sind sie ebenfalls überwiegend in den Backoffices (Aktiv und Passiv), aber auch im IT- oder Controlling-Bereich und im Rechnungswesen zu finden. Dort werden Tabellen befüllt, Daten von einer in die andere Anwendung übertragen oder digitale Unterlagen geprüft. Diese Prozesse finden regelmäßig vollkommen regelbasiert und nach starren Mustern ablaufend statt.

Die Automatisierung solcher Tätigkeiten schafft Beschäftigten Freiraum für andere, komplexere Aufgaben. Bis vor einigen Jahren war die nahezu ausschließliche Lösung zur Automatisierung solcher Prozesse der Aufbau von Schnittstellen oder die (Um-) Programmierung der betroffenen Anwendungen – alles meist technisch nur mit hohem Aufwand oder gar nicht umsetzbar sowie kosten- und zeitintensiv. Die heute vorwiegend eingesetzten Tools lassen sich unter der Bezeichnung „Robotic Process Automation – RPA" zusammenfassen – sie ermöglichen eine deutlich kostengünstigere Automatisierung, als die herkömmlichen und bis vor einigen Jahren mehrheitlich genutzten Möglichkeiten (van der Aalst, 2022).

Mit RPA lassen sich Anwendungen automatisieren, ohne in Programmcodes eingreifen oder Schnittstellen schaffen zu müssen. Das McKinsey Global Institute sprach der weltweiten Finanzwirtschaft bereits 2017 ein (aggregiertes) technisches Automatisierungspotenzial von 43 % zu, welches in den nächsten Jahren und Jahrzehnten Stück für Stück zu heben ist (McKinsey Global Institute, 2017). Auch wenn belegbare Zahlen für einen Statusabgleich per heute auf diesem Erhebungslevel fehlen, so ist die Kernaussage eindeutig: Die Finanzwirtschaft und insbesondere Banken, die traditionell noch viele nicht

M. R. Smeets et al., *Robotic Process Automation im Einsatz*, https://doi.org/10.1007/978-3-658-41956-1_1

automatisierte Prozesse nutzen, besitzen enormes Potenzial zur Effizienzsteigerung und Kosteneinsparung durch Automatisierung, von denen sich ein Großteil mit RPA heben lässt. Auch wenn viele Banken dieses Potenzial bereits erkannt haben und RPA in ersten Projekten oder für kleinere Prozessgebiete einsetzen, ist die Anzahl der Unternehmen mit einem flächendeckenden Einsatz der Technologie noch niedrig, wenngleich steigend (Smeets et al., 2021a).

Der Trend hin zur Prozessautomatisierung in Banken wird durch eine zunehmende Veränderung des relevanten Wettbewerbsumfelds gestützt. So führt eine – zumindest aktuell noch anhaltende – Niedrigzinssituation zu ggf. nachhaltig geringeren Zinserträgen, (Prozess-) Kosten steigen aufgrund aufsichtsrechtlicher Anforderungen oder Neuerungen im Verbraucherschutz. Diese externen Effekte benötigen teilweise strategische Neuausrichtungen von Banken in ihrem Wettbewerbsumfeld. RPA als Tool für eine Prozessautomatisierung kann bei dieser (Neu-) Positionierung unterstützen.

Vor dem Hintergrund einer bereits steigenden Nutzungsintensität der RPA-Technologie in Banken sowie des gegebenenfalls noch weiter zunehmenden Steigerungsgrads ist davon auszugehen, dass RPA vielerorts das Stadium der „Technologie-Verprobung" verlassen wird oder bereits verlassen hat. Allerspätestens ab diesem Punkt wird die Technologie auch für die umfassende Prüfung und Beaufsichtigung durch die interne (oder sogar externe) Revision relevant. Aufgrund des bislang noch geringen Reifegrads der Technologie (beziehungsweise des Einsatzes in Banken) fehlt es an umfassenden Informationen, Rahmenbedingungen und -konzepten, die einer Revision die Möglichkeit geben, einen zielgerichteten und in jeder Hinsicht „sicheren" Einsatz von RPA innerhalb der eigenen Bank zu ermöglichen.

Das vorliegende Buch setzt hier an. Nach einer Einführung in die RPA-Technologie und einer Abgrenzung, zu anderen ähnlichen Technologien, wird zunächst das Potenzial von RPA im Kontext der erwähnten strategischen (Re-) Positionierung erläutert. Hierauf aufbauend erfolgt eine intensive Auseinandersetzung mit möglichen Anforderungen an eine revisionsseitige Begleitung des Technologieeinsatzes. Diese mündet in konzeptionellen Überlegungen, die es den Leserinnen und Lesern ermöglichen, RPA „prüfungssicher" und risikoarm im eigenen Institut einzusetzen. Hierbei finden Mitarbeitende der Revision, anderer Prüfungsstellen, aber auch Projektleiter oder sonstige Nutzer von RPA (und ggf. anderer Automatisierungstechnologien) viele wertvolle Hinweise und Unterstützung. Anders als vergleichbare Grundsatzwerke zu RPA im Finanzbereich (bspw. Smeets et al., 2021a), liegt der Schwerpunkt des Buchs weniger auf einer intensiven Auseinandersetzung mit grundsätzlichen Gedanken zur RPA-Technologie. Vielmehr werden diese kurz diskutiert, bevor mit strategischen Überlegungen und revisions-seitigen Aspekten andere spannende und relevante Aspekte im RPA- bzw. Automatisierungskontext beleuchtet werden.

Dabei lassen sich alle Kapitel – (2) RPA – Hintergründe und Einführung, (3) RPA als Hilfsmittel zur strategischen Positionierung im Wettbewerb und (4) RPA aus dem Blickwinkel der Revision – als jeweils eigenständige Kapitel lesen und nutzen. Ein chronologisches Lesen ist somit nicht notwendig, der Fokus des Lesers kann sofort auf die individuell präferierten Inhalte gelegt werden.

Literatur

McKinsey Global Institute (2017): A Future that works: Automation, Employment, and Productivity.

Smeets, Mario; Erhard, Ralph U.; Kaußler, Thomas (2021a): Robotic Process Automation (RPA) in the Financial Sector. Technology - Implementation - Success For Decision Makers and Users. Wiesbaden, Heidelberg: Springer Gabler. Online verfügbar unter http://www.springer.com/.

van der Aalst, Wil M.P. (2022): Process Mining and RPA: How To Pick Your Automation Battles?

Robotic Process Automation – Hintergründe und Einführung

2

2.1 Definition und Abgrenzung von RPA

Im Schrifttum finden sich unterschiedlichste Definition von RPA. Die markantesten Unterschiede in den Definitionen bestehen in der Abgrenzung zu ähnlichen, selbstlernenden Technologien, die künstliche Intelligenz einsetzen. Hierin liegt eine Quelle häufiger Missverständnisse, die sich auch immer wieder in Praxisgesprächen findet. Zunächst soll im Folgenden eine eindeutige Definition von RPA erfolgen, angelehnt an Smeets et al., 2021a. Anschließend findet eine weiterführende Abgrenzung von RPA zu anderen, ähnlichen Technologien statt.

▶ **Definition** RPA oder der Begriff „Roboter" meint keine physische Maschine, sondern eine installierbare Software. Sie unterstützt den Menschen bei der Durchführung seiner (digital) ausgeführten Tätigkeiten und Prozesse, als eine Art virtueller Assistent. In den meisten Fällen können Prozesse mit RPA dann automatisiert werden, wenn sie regelbasiert und strukturiert sind. RPA kommuniziert mit anderen Anwendungen und Systemen, steuert diese und überträgt oder manipuliert Daten. Dies erfordert keine oder nur geringfügige Eingriffe in bestehende IT-Architekturen, da RPA in der Regel die Benutzeroberfläche zur Bedienung der automatisierten Anwendungen verwendet. Eingriffe in den Programmcode oder die Nutzung von Schnittstellen zu den automatisierten Anwendungen sind nicht notwendig. Die Software-Roboter können sowohl auf den Desktops der Mitarbeitenden als auch in einer Art Dunkelverarbeitung, z. B. auf Servern, arbeiten.

Im Gegensatz zu anderen Werken (z. B. Ranerup & Henriksen, 2019) findet hier eine Abgrenzung von RPA in seiner Reinform und Künstlicher Intelligenz (KI) statt, da RPA

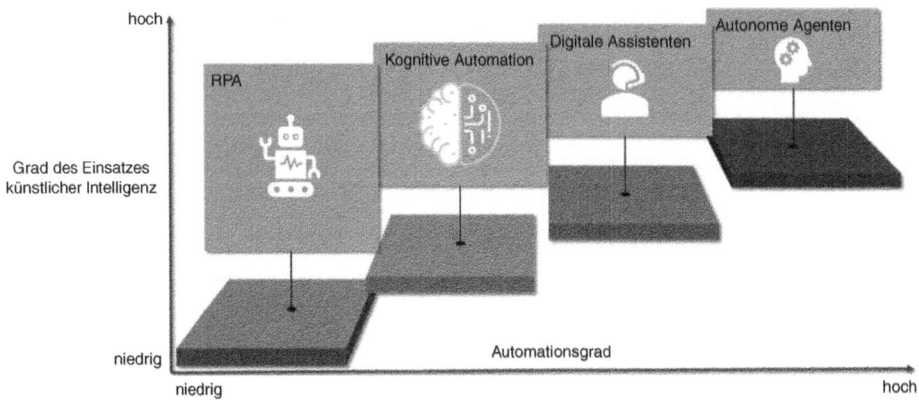

Abb. 2.1 Abgrenzung RPA und künstlicher Intelligenz. (Angelehnt an Ostrowicz, 2018)

kein eigenständiges Lernen o. ä. nutzt, was wiederum ein wesentlicher Bestandteil der Definition von KI ist (siehe z. B. Kolbjørnsrud et al., 2017; Mahroof, 2019; Jarrahi, 2018).

Abb. 2.1 nimmt diese Abgrenzung von anderen Technologien vor. Auf der vertikalen Skala ist der Grad künstlicher Intelligenz, den ein Tool besitzt, abgetragen; auf der horizontalen Skala der zugehörige erzielbare Automatisierungsgrad. Dieser Zusammenhang ist einfach erklärbar. RPA eignet sich in seiner Reinform zunächst nur für die Automatisierung vollkommen regelbasierter Abläufe. Es können keine Entscheidungen getroffen werden, die nicht (von menschlicher Hand) vordefiniert sind. Je weiter rechts in der Grafik, desto mehr und desto komplexere Entscheidungen lassen sich durch das Tool treffen. Hier kommen entsprechend tendenziell mehr Prozesse für eine Automatisierung in Frage, als bei einer ausschließlich regelbasiert arbeitenden Lösung (beziehungsweise können größere Teile eines Prozesses automatisiert werden, vor allem bei komplexen, langen Prozessen). Die Abbildung ist schematisch zu verstehen, hilft jedoch bei einer schnellen Einordnung von RPA im Kontext der Automatisierungstechnologien.

Die hier zunächst betrachteten RPA-Tools besitzen keinerlei maschinelle Lernfähigkeiten oder Eigenschaften einer künstlichen Intelligenz. Letztere können als Weiterentwicklungen bestehender und erprobter RPA-Lösungen verstanden werden. Mit RPA beginnt üblicherweise die „Automation Journey" des RPA einsetzenden Instituts (Ostrowicz, 2018). Der Grad künstlicher Intelligenz ist gering (per Definition sogar null); entsprechend ist auch das Spektrum an Einsatzmöglichkeiten eingeschränkt – die Menge automatisierbarer Prozesse ist im Verhältnis gering.

▶ **Important** Eine innerhalb eines RPA-Projekts der Autoren durchgeführte Untersuchung im Sparkassensektor ergab einen Anteil von ca. 20–25 % automatisierbarer Prozesse innerhalb einer „typischen" Sparkasse; Basis ist die Standard-Prozesslandkarte. Wenngleich die Menge also verhältnismäßig gering gegenüber mit anderen Technologien erzielbaren Mengen ist, so ist sie absolut betrachtet dennoch beachtlich.

„Kognitive Automation" – als weiterführende Technologie – besitzt im Gegensatz zu RPA maschinelle Lernfähigkeiten und erkennt Muster innerhalb kleiner Mengen unstrukturierter Daten. Hier kann also bereits von „künstlicher Intelligenz" gesprochen werden. Kognitive Methoden dienen insbesondere der Strukturierung vorher unstrukturierter Inhalte. „Digitale Assistenten" oder „Social Robots" (Allweyer, 2016) interagieren sogar direkt mit Beschäftigten und/oder Kunden. Hierbei besitzen sie ebenfalls die Fähigkeit, Muster zu erkennen. Der Dateninput kann aber noch unstrukturierter erfolgen, beispielsweise als Text oder Sprache. Beide Technologien setzen hierfür neben maschinellem Lernen auch Technologien wie beispielsweise Natural Language Processing (NLP) oder Optical Character Recognition (OCR) ein. „Autonome Agenten" stellen die (aktuell) höchste Entwicklungsstufe dar. Sie können hoch komplexe Aufgaben automatisiert bearbeiten, indem sie mit Hilfe mathematischer Modelle ein menschliches Urteilsvermögen simulieren. Eine umfassende Marktreife war – zumindest bis zum Ende des letzten Jahrzehntes – noch nicht gegeben (Ostrowicz, 2018).

Alle vier skizzierten Lösungen besitzen unterschiedliche Einsatzgebiete. Autonome Agenten zielen auf die Analyse großer, unstrukturierter Datenmengen ab, hier findet also eine Arbeit im Hintergrund statt (Dunkelverarbeitung). Der Schwerpunkt der Digitalen Assistenten liegt in der Kommunikation mit internen oder externen Kunden, also gerade nicht im Hintergrund, sondern in direkter Interaktion. RPA hingegen automatisiert repetitive, standardisierte Prozessabläufe mit hohen Volumina (Smeets et al., 2021a). Die Lösungen ergänzen sich somit gegenseitig und bilden zusammen eine Art „Werkzeugkasten", der zur sogenannten Hyperautomation genutzt werden kann (Jalali-Sohi, 2021; Gartner, 2022).

▷ **Definition** Hyperautomation meint ein schnelles und umfassendes Automatisieren vieler Prozesse in einem Unternehmen durch den kombinierten Einsatz mehrerer Technologien. Dies sind neben RPA beispielsweise Machine Learning (also künstliche Intelligenz), Business Process Management (BPM) oder Process Mining (s. a. Gartner, 2022). Vereinfacht und beispielhaft (und ohne hier auf Details eingehen zu können), kann Process Mining dabei helfen, relevante Prozesse zu identifizieren, die dann mit RPA und künstlicher Intelligenz automatisiert werden. Anschließend wird BPM als Tool zur Steuerung des gesamten Arbeitsablaufes (Workflow Management) verwendet.

Ein möglicher durch Hyperautomation automatisierbarer Prozessablauf ist in Abb. 2.2 dargestellt.

Im skizzierten Prozess geht eine Nachricht von Extern ein, beispielsweise eine Kundennachricht. Der maschinell nicht-lesbare und unstrukturierte Text wird zunächst mittels Optical Character Recognition (OCR) maschinell lesbar gemacht, dann mithilfe künstlicher Intelligenz strukturiert und kann danach mit RPA weiterverarbeitet werden.

▷   **Important** Die in der Praxis eingesetzten RPA-Tools enthalten heute (Stand 2022) vermehrt bereits vorinstallierte kognitive Bestandteile. So ist beispielsweise eine OCR-Komponente standardmäßig vorhanden, genauso erste Möglichkeiten zur Erkennung von Strukturen in unstrukturierten Daten. Es kann also davon ausgegangen

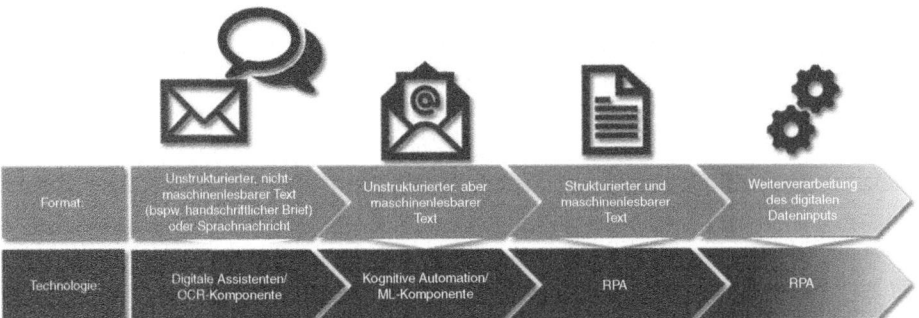

Abb. 2.2 Voll automatisierter Prozess mit Einsatz kombinierter Technologien – Hyperautomation. (Smeets et al., 2021a)

werden, dass heute nicht mehr von RPA in seiner Reinform zu sprechen ist, sondern vielmehr RPA mit kognitiven Komponenten („Kognitive RPA") zu unterstellen sind. Dies geschieht auch im Folgenden – nicht nur aufgrund der Praxisrelevanz, sondern auch, weil sich hieraus viele wichtige Fragestellungen hinsichtlich der Begleitung durch eine Revision/Prüfung ergeben.

2.2   RPA – eine einführende technische Betrachtung

Das folgende Kapitel skizziert einige relevante technische Besonderheiten von RPA. Zielsetzung ist ein Überblick über den Aufbau der Technologie, ihre mögliche Integration in die vorhandene IT-Architektur einer Bank und ihre Kommunikation mit anderen Anwendungen. Detaillierte Einblicke in einzelne Software oder Handlungsanleitungen zur Programmierung sind hier nicht relevant.

2.2.1   Mit RPA automatisierbare Anwendungen

Grundsätzlich gilt, dass alle Anwendungen – also alle Softwares – die über eine Benutzeroberfläche verfügen, mit den gängigen RPA-Tools automatisierbar sind. Ausnahmen lassen sich im Schrifttum nicht finden, auch aus der Praxis sind den Autoren keine Fälle bekannt (es sei denn, ein Softwareanbieter sperrt die Anwendung bewusst gegen den Einsatz technischer Tools auf deren Oberfläche; so in einem bislang einzigen Fall gesehen in einer Anwendung eines Bereitstellers von Marktdaten für die Handelsabteilungen von Banken). Auch Anwendungen ohne direkte Benutzeroberfläche sind meist automatisierbar. Hier kann ein Zugriff von RPA über (meist standardisierte) Schnittstellen stattfinden. Über diese kann dann direkt in Datenbanken etc. gearbeitet werden.

▶ **Important** Selbst bei Anwendungen, die typischerweise über die Benutzeroberfläche bedient werden, kann sich die alternative Nutzung von Schnittstellen anbieten. Die Zugriffe hierüber sind im Regelfall (noch) stabiler als über die Oberfläche, da vor unerwarteten Veränderungen geschützt. Updates/Veränderungen erfolgen hier in der Regel immer erst nach Ankündigung und sind bei Standardsystemen seltener. Zusätzlich ist der Zugriff schneller, da Latenz- und Ladezeiten der Benutzeroberflächen nicht vorkommen.

Immer wieder herrscht noch die Meinung vor, dass RPA „Screen Scraping" betrieben würde. Hierbei werden Felder per virtuellem Mausklick/virtueller Tastatureingabe bedient. Diese Klicks erfolgen an vorher festgelegten Stellen auf dem Bildschirm. Es wird also die Anweisung an den Bot gegeben, auf Koordinate xy einen Klick auszuführen. Das Problem: Verschiebt sich das zu bedienende Element, kann der Bot es nicht mehr anwählen oder bearbeiten, beziehungsweise tätigt im schlimmsten Fall Falscheingaben.

▶ **Important** Empfehlung: Es sollte in jedem Fall eine Konnektivitätsüberprüfung zwischen RPA-Software und den zu automatisierenden Anwendungen durchgeführt werden, bevor ein RPA-Projekt aufgesetzt oder eine spezifische Software lizenziert wird. Die Softwareanbieter oder IT-Beratungshäuser stehen hier im Regelfall für unkomplizierte Verprobungen zur Verfügung.

2.2.2 Vergleich von RPA und BPM

Im vorherigen Abschnitt wurde erläutert, dass RPA hauptsächlich über die Benutzeroberfläche auf Anwendungen zugreift; bei Datenbanken finden oft die direkte, schnittstellenbasierte Kommunikation statt. Bei einem Zugriff über die Benutzeroberfläche erkennen die zu automatisierenden Systeme nicht, dass sie durch eine andere Software bedient werden. Sie reagieren so, als würde ein Mensch sie bedienen und Eingaben tätigen (Smeets et al., 2021a). Anders bei herkömmlichen Automatisierungslösungen, die gerade im Business Process Management zu finden sind. Diese kommunizieren über die Datenbankzugriffsschicht mit der Datenbank beziehungsweise der Anwendung. Abb. 2.3 stellt den Vergleich dar.

Während Zugriffe auf die Business-Logik und die Datenbankzugriffsschichten häufig aufwendig programmiert werden müssen, stellt der Zugriff über die Benutzeroberfläche einen einfachen und schnellen Zugangsweg dar. RPA stellt damit eine flexible und von den spezifischen Anforderungen der Zielanwendung unabhängige Automatisierungslösung dar.

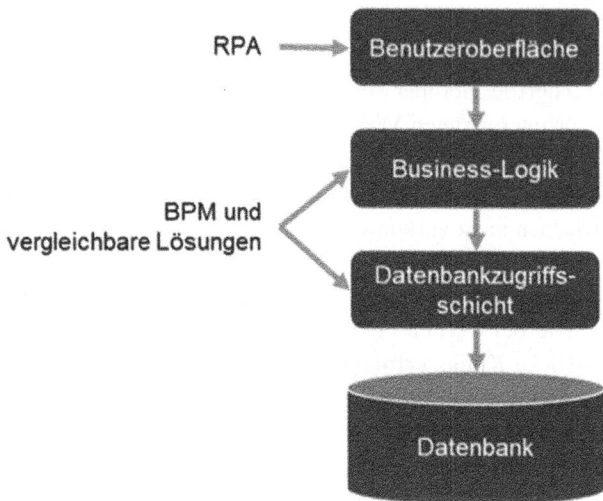

Abb. 2.3 Datenbankzugriff durch RPA und BPM und vergleichbare Lösungen. (Angelehnt an Lacity & Willcocks, 2016)

2.2.3 Aufbau von RPA-Lösungen

RPA-Tools bestehen aus unterschiedlichen Komponenten für Design, Steuerung und Ausführung. Die gängigen Anbieter verwenden mindestens drei Stück:

Eine Komponente, um die Prozessautomatisierung umzusetzen also den Prozessablauf für den RPA-Prozess „zu designen". Hier ist bewusst nicht die Rede von „programmieren", da RPA-Prozess-Design eher dem Zusammensetzen im Baukastensystem entspricht, zumindest in seiner einfachen Variante. Dies findet mit einem hohen Grad an grafischer Unterstützung statt. Mittels „Drag-and-Drop" werden Flowcharts erstellt, die Prozessabläufe in einer aus dem Prozessmanagement bekannten Form beschreiben. Auswahllisten stellen vordefinierte Befehle zur Verfügung, es ist also kein oder nur geringer Programmieraufwand notwendig. Viele Tools besitzen eine Aufnahmefunktion, die die Prozesse in ihrer Grundstruktur aufzeichnet und das Grundgerüst für eine weitere Bearbeitung durch RPA-Entwickler herstellt.

Die zweite relevante Komponente ist der eigentliche „Bot", also die ausführende Instanz. Diese führt die erstellten RPA-Prozesse (auch „RPA-Artefakte") aus. Sie ist somit die Komponente, die – bildlich gesprochen – den prozessausführenden Menschen ersetzt (Smeets et al., 2021a). Hierbei gilt: Ein Bot kann beliebig viele unterschiedliche Prozesse ausführen. Dies jedoch sequenziell, nicht parallel. Der Bot führt beispielsweise zu Tagesbeginn mehrere hundert Überweisungen aus (Prozess 1), nimmt danach für ein bis zwei Stunden Änderungen an Kundenstammdaten vor (Prozess 2), bevor er den nächsten Stapel Überweisungen (Prozess 1) bearbeitet. Sobald der Bot seine Kapazität erreicht, ist eine weitere Instanz, also ein weiterer Bot, zu lizenzieren.

► **Important** Wenngleich Bots aus technischer Sicht 24/7 eingesetzt werden können, sind die Laufzeiten, gerade in Banken, oftmals durch Tagesendeverarbeitungen begrenzt.

Je mehr Bots betrieben werden, desto wichtiger wird die dritte Komponente, die zentrale Steuerungseinheit, oftmals auch als „Orchestrator" bezeichnet. Mit ihr lassen sich die einzelnen Bots steuern und Kapazitäten optimal verteilen. Hierüber werden Auslastung und Performance überwacht, aber auch Updates und Patches zentral eingespielt und auf alle ausführenden Instanzen verteilt.

2.2.4   RPA-Architektur

Die Installation und Nutzung von RPA-Softwares ist auf den ersten Blick hin einfach möglich. Moderne RPA-Softwares gelten als infrastruktur-unabhängig (Smeets et al., 2021a). Sie lassen sich auf den Desktops der Mitarbeitenden betreiben (auch „attended" RPA), oder aber auch server-basiert als „echte" Dunkelverarbeitung (auch „unattended" RPA). RPA kann zudem in virtuellen Infrastrukturen – in privaten oder öffentlichen Cloudumgebungen – betrieben werden.

Wird einen Schritt weiter gegangen, ist eine (technische) Bewertung der Integration von RPA im Hinblick auf die bankeigene IT-Architektur notwendig. Hierbei bietet es sich an, sofort sämtliche Vorgaben – seien es interne oder aufsichtsrechtliche, bspw. die der BAIT (hierauf wird im späteren Verlauf noch ausführlich eingegangen) – zu berücksichtigen.

Banken und ihre Anwendungen und Systeme verfügen im Regelfall über drei infrastrukturelle Umgebungen: Eine Entwicklungs-, eine Test- und eine Produktionsumgebung. Auf letzterer findet der Livebetrieb statt. Bei der Umsetzung von RPA kann sich dieser Umgebungen bedient werden: Die Entwicklung der RPA-Prozesse findet in der Entwicklungsumgebung, das anschließende Testing in der (häufig noch produktionsnäheren) Testumgebung statt. Erst nach einem finalen Abnahmetest folgt dann der „Go-Live" in der Produktionsumgebung. Gerade bei RPA, einem Tool, dass die Benutzeroberflächen der Anwendungen nutzt, ist eine möglichst hohe Identität aller Umgebungen notwendig. Andernfalls kann es zu Fehlern oder unterschiedlichem Verhalten im Produktionsbetrieb kommen.

2.3   Ziele und Potenziale einer RPA-Nutzung

Um mögliche RPA-Anwendungsfälle zu verstehen und selbst erkennen zu können, ist es notwendig, die unterschiedlichen Ziele beziehungsweise Potenziale zu diskutieren, die eine Bank mit dem Einsatz von RPA verfolgen und heben kann.

▶   **Important** Es lassen sich mindestens vier Kategorien unterscheiden: Kosteneinsparungen, Qualitätsverbesserungen, Zeitersparnis und sonstige Potenziale, die sich
oft aus den ersten drei ableiten lassen (hier und im Folgenden Smeets et al., 2021a, b).

2.3.1   Kosteneinsparungen

Eines der am häufigsten und meist auch erstgenannten Argumente für die Prozessautomatisierung sind die möglichen Kosteneinsparungen, die hiermit erzielt werden können.
Diese sind vor allem deshalb möglich, weil Mitarbeiter ihre Kapazitäten für andere Tätigkeiten nutzen können, während die RPA-Bots repetitive Prozesse vollständig übernehmen
oder Teile von ihnen bearbeiten. Hierüber lässt sich eine Reduktion der gebundenen
Kapazitäten, auch FTE (Full Time Equivalents), für den jeweiligen Prozess erzielen. Dabei
ist jedoch zu betonen, dass die Automatisierung durch RPA nicht zwangsläufig bedeutet,
dass das bisher für die Ausübung des Prozesses beauftragte Personal freigesetzt wird und
dafür keine Kosten mehr anfallen. Vielmehr sollen die Mitarbeitenden durch RPA von sich
wiederholenden, zeitaufwendigen Prozessen befreit werden, sodass mehr Kapazitäten für
wertschöpfende Tätigkeiten zur Verfügung stehen, beispielsweise kreative Arbeiten. Das
Ausmaß der potenziellen Kosteneinsparungen durch RPA variiert und hängt vom Prozess
(seiner Komplexität und vielen anderen Faktoren), dem Anwendungsbereich und der
Branche ab. Die Kosteneinsparungen reichen von 25 % (siehe z. B. Watson & Wright,
2017) bis hin zu 90 % (Smeets et al., 2021a). Der Schwerpunkt – in der Literatur – liegt
erfahrungsgemäß im Bereich von etwa 30 % bis maximal 70 %. Die Größenordnungen
unterscheiden sich auch in Abhängigkeit der einbezogenen Kostenfaktoren. Lizenzkosten,
Wartungskosten und mehr sollten berücksichtigt werden, was leider nicht immer der Fall
ist. Basierend auf den langjährigen Praxiserfahrungen der Autoren mit RPA erscheint eine
Größenordnung von ca. 25 % Kostenersparnis im Vergleich zum aktuellen Prozess mit
RPA-Technologie ein realistischer Wert für die Finanzbranche zu sein, insbesondere wenn
alle Kostenpositionen berücksichtigt werden.

2.3.2   Qualität

Grundsätzlich gilt vermutlich überall der Grundsatz, dass die Qualität eines Arbeitsergeb-
nisses so hoch wie möglich sein sollte. Allerdings wird diese Annahme, also das Qualitätsziel, nicht immer auch explizit als strategisches Ziel formuliert und oft eher als gegeben
vorausgesetzt. Die Qualitätssteigerung eines Prozesses oder eines Prozessergebnisses
kann jedoch durchaus als explizites strategisches Ziel für einen RPA-Einsatz definiert werden. Sie ist aus Sicht der Autoren sogar mit der größte Nutzengewinn durch den Einsatz
von RPA. Denn: Führen Menschen Prozesse aus, ist dies immer fehleranfällig, insbesondere bei häufigen, sich wiederholenden Tätigkeiten. Die Prozessdurchführung durch
RPA-Bots jedoch nicht – sofern die Prozesse (genauer: die technischen Artefakte) korrekt

entwickelt und ausreichend getestet werden. Unsystematische Fehler – also Fehler, die zu-
fällig auftreten, z. B. durch Menschen verursacht – werden durch RPA ausgeschlossen.
Das einzige Risiko, das bleibt, ist das der systematischen Fehler, das nicht vernachlässigt
werden sollte. Eine fehlerhafte Programmierung, die erst bei der RPA-Einführung be-
merkt wird, kann schnell zu großen Mengen an falschen Prozessergebnissen führen. Dem
kann mit entsprechenden Tests entgegengewirkt werden, die auch von Aufsichtsbehörden
in der Finanzbranche für die Softwareentwicklung gefordert werden (in Deutschland zum
Beispiel die schon erwähnten und später im Detail erläuterten BAIT).

2.3.3   Zeitersparnis

Zeitersparnis beziehungsweise Reduktion der Bearbeitungszeit ist das mögliche dritte,
übergeordnete Ziel einer Automatisierung mit RPA. Zeitreduktion geht in aller Regel mit
Kosteneinsparungen einher, denn meist gilt für die Prozesskosten, dass diese durch kür-
zere Bearbeitungszeiten reduziert werden. Die mögliche Zeitersparnis ist es dennoch wert,
als eigenes strategisches Ziel betrachtet zu werden. Insbesondere bei Prozessen, an denen
der (externe) Kunde direkt oder indirekt beteiligt ist, kann eine Erhöhung der Geschwindigkeit Wettbewerbsvorteile generieren und die Kundenzufriedenheit verbessern. Dies gilt
nicht nur für externe Kunden, also Kunden des Instituts. Auch interne Bereiche, die an
Prozessen beteiligt sind oder diese auslösen, können als Kunden betrachtet werden und
haben als Empfänger der Leistungen eines anderen Bereiches ebenfalls die Erwartung an
eine hohe Prozessgeschwindigkeit. Hier trägt RPA wesentlich zu einer Erhöhung der
Prozessgeschwindigkeit bei.

   Wenn das Ziel „Zeitersparnis" lautet, sind folgende Dinge wichtig und sollten beachtet
werden: Die Geschwindigkeit des Roboters hängt maßgeblich vom zugrunde liegenden
Prozess ab. Wurde dieser vor der Automatisierung entsprechend vorbereitet und optimiert
(„process-streamlining"), kann der Bot in der Regel schneller arbeiten. Ebenso beeinflusst
die Qualität der Prozessentwicklung dessen Geschwindigkeit. Die Reaktionszeiten von
automatisierten Systemen können nicht beeinflusst werden. Da der Roboter auf der Oberfläche (der grafischen Benutzeroberfläche – GUI) arbeitet, ist er immer abhängig von der
Geschwindigkeit dieser Anwendungen.

2.3.4   Weitere Potenziale

Die drei vorstehenden Hauptzielsetzungen oder wichtigsten Potenzialbereiche von RPA
bilden einen weiten Teil der Nutzenargumentation pro RPA ab. Hieraus lassen sich weitere
Potenziale ableiten. So kann die Technologie beispielsweise dazu genutzt werden, um
Compliance- und ähnliche Risiken zu reduzieren. Hier sind zwei Möglichkeiten denkbar:
Ist ein RPA-Prozess erst einmal gemäß den Vorgaben entwickelt und gegen Veränderung
geschützt, kann dieser nicht mehr ungewollt und unbemerkt verändert werden. Ein

möglicher Missbrauch wird somit deutlich eingeschränkt. Darüber hinaus wird jeder Schritt und jede Systemeingabe des Bots dokumentiert, sowohl innerhalb der Zielanwendungen als auch in der RPA-eigenen Dokumentation. Das bedeutet, dass alle Aktionen von Dritten, beispielsweise einer Revision oder Wirtschaftsprüfern, vollständig überprüfbar sind. Das Gleiche gilt für operationelle Risiken. Dies sind beispielsweise menschliche Fehler, Systemfehler oder Fehler innerhalb interner Prozesse. Operationelle Risiken sind eine bedeutende Risikokategorie, insbesondere im Finanzsektor (Kaiser & Koehne, 2007). Die diskutierte Steigerung der Prozessqualität beim Einsatz von RPA reduziert diese Risiken. Zweitens ist es möglich, mit RPA deutlich mehr Überprüfungen, Tests u. ä. durchzuführen als durch Menschen. Standardisierte Prüfroutinen oder auch vorbereitende Tätigkeiten wie die Informationsbeschaffung, die insbesondere in den Prüfungsbereichen notwendig ist, können mit RPA schnell und einfach automatisiert werden. Letzteres ist auch ein spannender Anwendungsfall für die Revisionsbereiche selbst, die ja explizit zur Leser-Zielgruppe dieses Buches gehören.

In der Praxis ist regelmäßig eine hohe Arbeitsbelastung für die IT-Abteilung zu beobachten. Dies ist insbesondere dann der Fall, wenn die Bank über eine heterogene Systemlandschaft mit vielen Anwendungen und Altsystemen verfügt. Auch hier kann RPA unterstützend genutzt werden, indem es eine Alternative zum Aufbau von Schnittstellen zwischen diesen Anwendungen und Systemen bietet.

Weitere Potenziale für die Finanzbranche bietet RPA durch die Verkürzung der Time-to-Market für die Platzierung neuer Produkte oder die Einrichtung neuer Prozesse, durch die standardisierte Erfassung und Auswertung von Informationen und vieles mehr.

All diese Potenziale machen die „In-House-Bearbeitung" von Prozessen, oder gar das Insourcing bereits ausgelagerter Prozesse wieder attraktiv, insbesondere aus Kosten-Nutzen-Gesichtspunkten. Auch die Nutzung von RPA bringt hierbei Fragestellungen rund um Auslagerungen und das Auslagerungsmanagement mit sich. Im weiteren Verlauf werden unter anderem auch hiermit zusammenhängende Fragestellungen diskutiert.

2.4   Einsatzbereiche für RPA

2.4.1   Hauptanwendungsbereiche

Grundsätzlich gilt, wie bereits mehrfach erwähnt, dass sich nahezu jeder Prozess mit RPA automatisieren lässt. Dies gilt zumindest technisch – anders sieht es bei der zusätzlichen Berücksichtigung betriebswirtschaftlicher Kriterien aus. Hier ist kritisch und prozessindividuell zu hinterfragen, ob eine Automatisierung ein positives Kosten-Nutzen-Verhältnis besitzt, die Einsparungen also die Kosten für die Automatisierung und den laufenden Betrieb übersteigen. Werden solche Kriterien berücksichtigt, lassen sich die Prozesscluster mit bestem Kosten-Nutzen-Verhältnis insbesondere in den folgenden Bereichen finden (Ostrowicz, 2018; Smeets et al., 2021a).

Primärbereiche:
- Back-Office
- Finanzen (zum Beispiel Buchhaltung)
- IT

Zusätzlich besitzen auch die folgenden Bereiche ein grundsätzliches technisches und betriebswirtschaftliches Potenzial für RPA (Sekundärbereiche):

- Compliance
- Recht
- Risiko- oder Gesamtbanksteuerung
- Personalwesen

Die genannten Bereiche lassen sich aus der jahrelangen Erfahrung der Autoren aus der Automatisierung einer dreistelligen Anzahl von Prozessen ableiten. Im Abgleich mit weiteren Einschätzungen der einschlägigen Literatur variieren die Einschätzungen.

So geht beispielsweise eine Studie der Information Services Group (ISG) davon aus, dass langfristig die IT am stärksten von der Automatisierung betroffen sein wird (Otto & Longo, 2017). Andere Studien weichen davon ab, zum Beispiel eine von PWC im Jahr 2017 unter mehreren Dutzend Fachleuten in den USA durchgeführte Untersuchung. Laut dieser Studie bieten die Back-Office-Bereiche mit weit über 80 % Zustimmung das größte Potenzial. Dahinter folgen die Bereiche Finanzen und IT. In den Bereichen Compliance, Legal, Risikocontrolling und Human Resources wird nur ein geringes Potenzial für RPA, gleiches gilt für den Vertrieb. Ostrowicz (2017) bestätigt die Anwendbarkeit von RPA im Backoffice, Risikomanagement, Rechnungswesen und HR (Smeets et al., 2021b).

▶ **Important** Überall dort, wo Daten in einem digitalen Format vorliegen und digital verarbeitet werden, bietet sich der Einsatz von RPA an.

Nimmt man nun den Standardisierungsgrad eines Prozessbereiches als Kriterium hinzu, wird deutlich, warum gerade die Prozessbereiche des Backoffice und z. B. des Rechnungswesens für RPA geeignet sind. Hier sind die meisten Prozesse standardisiert, regelbasiert und nutzen digitalisierte Daten. Die typischen Vertriebsbereiche hingegen sind nach dem hier verwendeten Verständnis von RPA weniger für eine (zumindest mit geringem Aufwand umsetzbare) Automatisierung geeignet. Im Vertriebsbereich ist auch der Einsatz von Desktop-RPA durchaus denkbar, so durften die Autoren in der Praxis bereits mehrfach den erfolgreichen Einsatz von RPA als Unterstützungstool von Vertriebsmitarbeitenden in der (Kunden-)Datenerfassung begleiten. Hier müssen bestehende Prozesse oft in einzelne Teilprozesse zerlegt werden, die dann teilweise automatisiert werden können.

2.4.2 Rollen von RPA

Um mögliche Einsatzbeispiele strukturiert darstellen zu können, sind zunächst die drei unterschiedlichen Rollen zu definieren, die RPA einnehmen kann (zusammenfassend Smeets et al., 2021b):

1. RPA als Unterstützung des Menschen bei der Ausführung von bestehenden Prozessen
2. RPA als Ersatz für den Menschen in der Ausführung bestehender Prozesse
3. RPA als Möglichkeit, vollständig neue Geschäftsmodelle oder Prozesse zu etablieren

Die klassische Rolle von RPA ist die eines digitalen Assistenten. Die Bots unterstützen hier den Menschen bei der Erledigung seiner Aufgaben oder liefern relevante Empfehlungen für Entscheidungen. Diese Art von Bots arbeitet häufig auf dem Desktop der Mitarbeitenden, wird von diesen gestartet und gestoppt und interagiert mit ihnen. Hierbei ist zu beachten, dass die Bots in den Anwendungen der Mitarbeitenden agieren und häufig deren Zugangsdaten nutzen. Das führt dazu, dass die Mitarbeitenden regelmäßig selbst keine Eingaben vornehmen können, während der Bot arbeitet. Ein relevantes Unterscheidungsmerkmal zu „unattended" RPA, also der bereits erläuterten Dunkelverarbeitung von Daten.

Die zweite Rolle, die RPA einnehmen kann, ist ein vollständiger Ersatz des Menschen beziehungsweise von Mitarbeitenden. Hier führt RPA bestimmte Tätigkeiten oder einzelne Aufgaben selbstständig und unabhängig vom Menschen aus. Während in der ersten Rolle ein Mensch den Trigger für den Arbeitsbeginn (oder das Ende) des Bots setzt, ihm also beispielsweise ein Start- und Endsignal gibt, wird der Bot im zweiten Fall durch technische Auslöser gestartet. Alternativ können auch Ablaufdiagramme oder Ähnliches zur Steuerung des Roboters hinterlegt werden. Diese werden dann durch die zentrale Steuerungseinheit (der vorher erwähnte Orchestrator) ausgeführt und gesteuert.

In beiden vorstehenden Fällen wird davon ausgegangen, dass der Bot zur Automatisierung bestehender Prozesse eingesetzt wird. Dies ist auch meist der Fall, insbesondere zu Beginn der RPA-Nutzung in einem Unternehmen. Hier werden in einem ersten Schritt einfache und regelbasierte Prozesse genutzt und automatisiert. Ist RPA aber erst einmal etabliert, bietet es Möglichkeiten, neue Prozesse in hoher Geschwindigkeit und auf teilweise neue Art und Weise aufzusetzen. Werden neue Marktanforderungen an Produkte gestellt oder ändern sich die gesetzlichen Rahmenbedingungen, können neue Prozesse oft notwendig oder aus vertrieblicher und betriebswirtschaftlicher Sicht sinnvoll sein. Bisher konnten diese oft nur aus vielen manuellen Tätigkeiten zusammengesetzt werden, da technische Anpassungen zu teuer waren oder zu lange dauerten. RPA bietet nun die Möglichkeit, neue Prozesse schnell und flexibel aufzusetzen – auch wenn technische Schnittstellen und andere Werkzeuge nicht vorhanden sind.

Für die folgenden Anwendungsfälle siehe Smeets et al., 2021a, b sowie Praxiserfahrungen der Autoren.

2.4.3   Anwendungsfälle von RPA als Unterstützungstool

Handel

In den Handelsbereichen einer Bank lassen sich eine Vielzahl anwendungsübergreifender Automatisierungsmöglichkeiten aufzählen. Händler überwachen laufend Kursinformationen oder Nachrichten. Stammen diese aus einer einzelnen Quelle, oft Handelsterminals, ist eine weiterführende Automatisierung mit RPA in der Regel nicht notwendig. Sobald aber Informationen aus anderen Systemen oder beispielsweise von Dritt-Websites beobachtet und ausgewertet werden sollen, bietet sich die flexible Automatisierung mit RPA an. Die Bots überwachen Marktpreise und Informationen auf Websites und senden nach vordefinierten Mustern oder beim Eintreten bestimmter Ereignisse Informationen an die Händler. Der Vorteil von RPA liegt hier in der Integration verschiedener Datenquellen und Verknüpfung verschiedener Systeme, die originär nicht über Schnittstellen miteinander verfügen.

Bereitstellung von Regelberichten

Die Controlling-Abteilung einer Bank, oft organisatorisch der Gesamtbanksteuerung zugeordnet, erstellt regelmäßig eine Vielzahl an Berichten und Auswertungen. Hierbei werden unterschiedlichste Informationsquellen aus im Regelfall verschiedenen Systemen und Anwendungen genutzt. Neben bankinternen Datenbanken wird auch auf die Inhalte verschiedener Websites zugegriffen, zu denen keine Schnittstellen geschaffen werden können. Dies können zum Beispiel Unternehmensdaten von Wettbewerbern sein, die für Benchmarkings genutzt werden. Im Zuge einer Automatisierung kann der Bot solche Inhalte und Daten verdichten und in einer strukturierten Form zusammenführen. Diese Inhalte werden dann in einem immer gleichen Layout dem Management der Bank zur Verfügung gestellt. Anschließend übernehmen die Mitarbeitenden die Qualitätssicherung, führen letzte Auswertungsschritte durch und finalisieren das Reporting oder den Bericht. Bei ausreichender Qualität der RPA-Ergebnisse und abhängig vom jeweiligen Prozess ist sogar denkbar, dass der Mensch komplett durch Bots ersetzt wird. Grundsätzlich handelt es sich hier jedoch zunächst um eine Unterstützungsleistung durch RPA.

2.4.4   Anwendungsfälle für RPA als Substitut

Rechnungs-Ein- und Ausgangsbearbeitung

Eingangsrechnungen werden in der Regel nicht sofort gebucht. Bevor der Rechnungsbetrag überwiesen wird, erfolgt eine Prüfung auf Richtigkeit und Rechtmäßigkeit der Rechnung. Liegen die hierfür erforderlichen Daten in digitaler Form vor, bietet sich eine sofortige Automatisierung an. Hierfür kann dann RPA in seiner Reinform genutzt werden. Liegen die Daten jedoch in einer noch unstrukturierten Form vor, muss zusätzlich eine OCR-Komponente vorgeschaltet werden, um die Daten durch RPA bearbeitbar zu machen.

Die ist der Fall, wenn Rechnungen per Brief eingehen – mittlerweile lässt sich hier eine deutlich abnehmende Tendenz und ein Wechsel hin zum Medium-E-Mail beobachten.

IT – Schwerpunkt Berechtigungsmanagement und Passwörter
Bei der Einstellung von Mitarbeitenden, jedem Abteilungswechsel, jedem Kompetenz-wechsel und jedem Austritt von Mitarbeitenden müssen verschiedene Berechtigungen vergeben, geändert oder gelöscht werden. In vielen Fällen handelt es sich dabei um ähnliche „Berechtigungspakete", vor allem bei Neueinstellungen oder dem Aus-scheiden von Mitarbeitern aus dem Unternehmen. Ein idealer Anwendungsfall für RPA., mit dessen Hilfe Mitarbeiter-Berechtigungen in allen notwendigen Anwendungen bearbeitet werden, sodass ein menschliches Eingreifen nur noch bei grundlegenden Vorgaben wie den Stammdaten oder den zuzuordnenden Zuständigkeitsbereichen er-forderlich ist.

Ein weiteres Beispiel ist das Zurücksetzen von Passwörtern; ebenfalls tägliche Praxis. Auch hier ist ein Rücksetzen durch Bots problemlos möglich – sofern digitale (und stan-dardisierte) Eingangskanäle gewählt werden. Es bieten sich hier Formulare beziehungs-weise Ticketsysteme an – auf E-Mails oder gar Telefonanrufe der Mitarbeitenden sollte zugunsten der Datenstruktur verzichtet werden.

RPA für einmalige Anwendungsfälle
In den meisten Fällen zielt der Einsatz von RPAs auf die dauerhafte Automatisierung von Prozessen, d. h. den Einsatz der Technologie im Tagesgeschäft. Hierneben bietet sich RPA auch für einmalige Anwendungsfälle an, zum Beispiel Datenmigrationen. Ist eine techni-sche Übertragung er Daten nicht möglich, bleibt oft nur der Einsatz von Mitarbeitenden: Zeitaufwendig und – aufgrund der manuellen Arbeitsanteile – fehleranfällig. Nach einem Mapping von Alt- und Zieldaten, kann RPA eine oft kostengünstigere, schnellere, aber vor allem fehlerfreie Alternative bieten. Der Einsatz von RPA hat sich zuletzt auch in der Ein-spielung von Systemupdates oder bei der Verarbeitung großer Datenmengen bewährt. Auch hier ist RPA dann Mittel der Wahl, wenn alternative technische Lösungen nicht zum Einsatz kommen können.

Prüfung von Wertpapierabrechnungen und anderen Buchungen
Die Abstimmung von Handelsgeschäften erfolgt vielerorts nach wie vor manuell. Oft sind hierin mehrere Mitarbeiter täglich gebunden. Einzelne Transaktionen werden in internen Anwendungen erfasst und zur Abstimmung in Tabellenkalkulationsprogramme übertragen. Gleichzeitig werden visuelle Kontrollen und Vergleiche durchgeführt. Allesamt Routinen, die sich nahezu vollständig automatisieren lassen. Der Vorteil hin-sichtlich eines RPA-Einsatzes liegt hier nämlich in der meist vollständigen Digitalität der Daten.

2.4.5 Anwendungsfälle für RPA bei der Etablierung neuer Prozesse

Digitale Produktabschlüsse
Produktabschlüsse erfolgen mittlerweile vermehrt online, auch in den Banken. Während die Eingabe der Kundendaten regelmäßig bereits digital erfolgt, findet die Weiterbearbeitung nach wie vor häufig manuell statt. Schnittstellen zwischen Kunden-Frontend und Kernbanksystem sind nicht immer vorhanden. RPA kann diese Schnittstelle bilden oder ersetzen. Im Zielbild übertragen Bots die vom Kunden erfassten Daten in das juristisch führende System – nach einer Prüfung auf Vollständigkeit und Plausibilität hin. Hiermit wird eine tatsächliche End-to-End-Digitalisierung des Prozesses erreicht, zudem bleiben die Bearbeitungszeit und damit die Kosten der einzelnen Prozesse gering.

Compliance
Der Bereich Compliance überwacht und prüft wie andere Kontrollorgane der Institutionen verschiedene Prozesse und andere Aktivitäten. Beispielsweise werden verdächtige Transaktionen auf Konten überprüft. Meist können dabei nur Stichproben-Überprüfungen durchgeführt werden, da eine vollständige Überwachung ressourcenseitig nicht möglich ist. Mit RPA lassen sich deutlich umfangreichere Prüfroutinen aufsetzen, sogar eine vollständige Überwachung ist fallbezogen möglich, sofern gewollt.

Die bis hierhin aufgeführten Anwendungsfälle sind vielfach Beispiele aus der Praxis der Autoren. Hierneben ließen sich viele weitere Beispiele aufführen.

2.5 Auswahl RPA-geeigneter Prozesse

2.5.1 Auswahlkriterien

Die Auswahl RPA-geeigneter Prozesse kann anhand teilweise standardisierter, teils aber auch individualisierbarer Kriterien erfolgen. Grundsätzlich wird zwischen technischen und betriebswirtschaftlichen Kriterien unterschieden (Tab. 2.1).

▶ **Warning** Nur die wenigsten Prozesse sind vollständig automatisierbar. Einer einschlägigen Studie zu Folge sind branchenübergreifend weniger als 5 % aller Prozesse vollständig automatisierbar, 95 % entsprechend nicht oder nur in Teilen. Doch auch in diesen 95 % verbirgt sich enormes Potenzial, denn rund 60 % der hier betrachteten Tätigkeiten besitzen einen Anteil automatisierbarer Prozessbestandteile in Höhe von ca. 30 % (McKinsey Global Institute, 2017).

Bei der Prozessauswahl kommt es deshalb darauf an, gerade zu Beginn des Auswahlprozesses die technischen Kriterien nicht zu streng auszulegen. Ein Prozess, der nicht

Tab. 2.1 Auswahlkriterien RPA-Prozesse. (Smeets et al., 2021a)

Kriterium	Technisch/ Betriebswirtschaftlich	Bemerkung
Standardisierungsgrad	Technisches Kriterium	Je standardisierter, desto besser automatisierbar.
Regelbasiertheit	Technisches Kriterium	Vollständige Regelbasiertheit = vollständige Automatisierung möglich, sonst Teilautomatisierung prüfen.
Prozessstabilität/-reife	Technisches Kriterium	Je stabiler der Prozess (je weniger erwartete Änderungen), desto geeigneter ist dieser.
Komplexität	Technisches Kriterium	Je geringer die Komplexität, desto geeigneter ist dieser.
Datentyp	Technisches Kriterium	Es eignen sich Text und Zahlen, weniger jedoch Bilder oder handschriftliche Daten.
Beteiligte Anwendungen	Technisches Kriterium	Je mehr Anwendungen der Prozess durchläuft und je höher die Anzahl der Systembrüche, desto sinnvoller eine Automatisierung mit RPA, jedoch steigt auch die Komplexität an (gegenläufiger Effekt)
(Digitalität der Daten)	Technisches Kriterium	Nur digitale Daten, können durch den Bot bearbeitet werden. Unter Berücksichtigung von Cognitive RPA kann das Kriterium ggf. entfallen (bspw. mit OCR-Komponente)
(Strukturiertheit der Daten)	Technisches Kriterium	RPA kann in seiner Reinform nur strukturierte Daten bearbeiten, d. h. solche, die der Bot in der vorher erwarteten Form erhält. Auch dieses Kriterium kann mittels Cognitive RPA ggf. entfallen.
Fallhäufigkeit	Betriebswirtschaftliches Kriterium	Je größer die Fallhäufigkeit, desto größer das Kosteneinsparpotenzial durch Automatisierung.
Prozesskosten	Betriebswirtschaftliches Kriterium	Je höher die Ist-Prozesskosten, desto mehr lohnt sich die Automatisierung.
Fehleranfälligkeit	Betriebswirtschaftliches Kriterium	Je größer die Fehleranfälligkeit eines manuellen Prozesses, desto eher kann RPA hier zu Qualitätssteigerungen führen.
Prozessbearbeitungszeit	Betriebswirtschaftliches Kriterium	Je länger die Ist-Prozessbearbeitungszeit, desto eher lohnt sich die Automatisierung, da die Kosteneinsparung tendenziell höher ist.

automatisierbare Teilschritte enthält, kann immer noch ein sinnvoll (teil-)automatisierbarer Prozess sein. Eine entsprechende Aufteilung des Prozesses ist hier erforderlich. Beispiele zeigt Abb. 2.4.

In der ersten Ausprägung wird ein Migrationsprozess skizziert. Daten werden aus der Alt-Anwendung extrahiert, bearbeitet und anschließend in die Zielanwendung eingefügt. Sämtliche Schritte laufen digital und standardisiert, anhand fester Regeln, ab. Hier ist eine

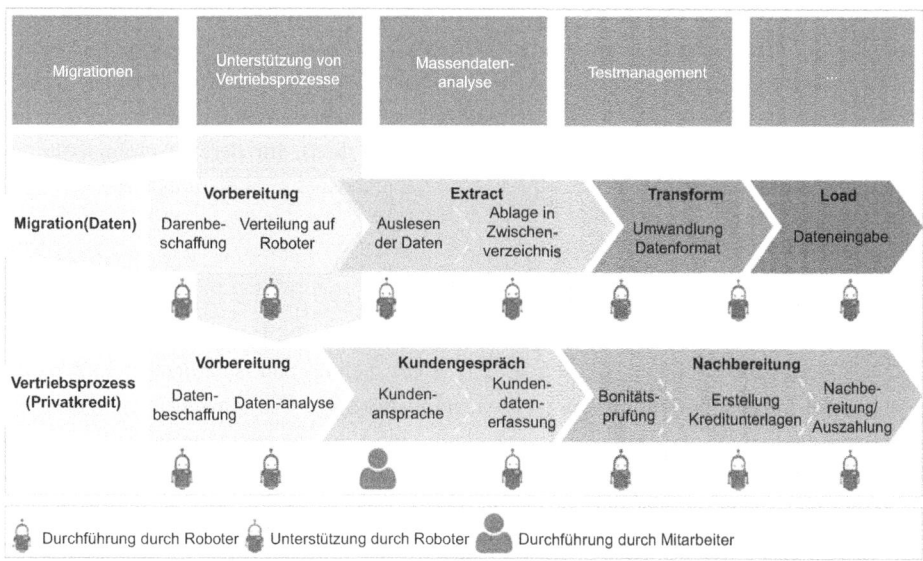

Abb. 2.4 Teil- und voll-automatisierbare Prozesse (eigene Darstellung)

Vollautomatisierung möglich. Anders im zweiten Prozessbeispiel, einem Vertriebsprozess. Hier unterstützt der RPA-Bot in der Vorbereitung des Kundengesprächs, das eigentliche Gespräch führt aber ein Mensch. Anschließend übernimmt erneut der Bot und verarbeitet alle durch den Menschen erfassten (und damit dann digitalisierten) Daten.

2.5.2   Vorgehen bei der Prozessauswahl

Beschäftigt sich ein Unternehmen erstmalig mit der Einführung von RPA, ist ein möglicher Zielprozess für die Pilotierung meistens schon bekannt. Häufig sind dies Prozesse, die viele Mitarbeitende aufgrund geringer Komplexität (oft ist ein „stumpfes Wegarbeiten" möglich) und hoher Fallzahl und damit hoher Kapazitätsbindung stören. Wenngleich schon bekannt, sollte die Prozessauswahl im Rahmen einer professionellen RPA-Pilotierung mindestens noch einmal hinterfragt werden – auf Basis der oben erläuterten Kriterien und des im Folgenden skizzierten Vorgehens bei der Prozessauswahl. Sobald nach Automatisierung des ersten Prozesses weitere Prozesse mit RPA automatisiert werden sollen, ist ein strukturiertes Vorgehen bei der Auswahl der infrage kommenden Prozesse notwendig, wie sich in vielzähligen Umsetzungsprojekten in der Praxis erwiesen hat.

Zunächst lassen sich drei grundsätzliche Vorgehensweisen bei der Auswahl von Prozessen unterscheiden:

1. IST-Prozess
2. Expertenworkshops
3. Prozesslandkarte

Im ersten Fall ist der Prozess, wie eingangs beschrieben, bereits bekannt. Neben den oft im Fokus der Mitarbeitenden stehenden „Pilotprozessen" können auch im weiteren Verlauf der RPA-Nutzung im Unternehmen bestimmte Prozesse explizit für eine Automatisierung vorgesehen sein. Dies können auch Prozesse sein, die nicht den erläuterten Kriterien entsprechen (insbesondere nicht den betriebswirtschaftlichen), für deren Automatisierung aber andere, individuelle Gründe sprechen – Risikoaspekte, Qualitätsverbesserungsbestrebungen o. ä.

Example

Ein von den Autoren begleiteter RPA-Einsatz umfasste die Datenmigration zwischen zwei Kernbanksystemen. Die Herstellung einer technischen Schnittstelle und damit eine maschinelle Migration war zeitlich nicht möglich. Die zunächst einzige Alternative: eine händische Datenerfassung durch eine Vielzahl von Mitarbeitenden. Hiermit einhergehend hätten große Qualitätsrisiken durch Fehlerfassungen in Kauf genommen werden müssen. Die Lösung war RPA: Schnell aufgesetzt und dank korrekter Programmierung (die im Projektverlauf umfangreich und strukturiert getestet worden war, wie eine typische IT-Entwicklung) mit einer fehlerfreien Migrationsleistung. Schlussendlich wurde nicht nur das Qualitätsziel erreicht, es konnte sogar eine Kosteneinsparung in Höhe von (im Verhältnis zu anderen RPA-Automatisierungen „nur") fast 30 % realisiert werden, da der Einsatz zusätzlicher Zeitarbeitskräfte obsolet geworden war. ◀

Die zweite Möglichkeit einer strukturierten Prozessauswahl ist die Durchführung von Expertenworkshops. Hier werden beispielsweise mit einzelnen Bereichen oder Abteilungen, die Kapazitätsprobleme ausweisen oder Kosten einsparen möchten, Workshops durchgeführt, in denen zunächst die relevanten Auswahlkriterien erläutert und ggf. um individuelle ergänzt werden und anschließend Prozesse der Mitarbeitenden gemeinsam und anhand der Kriterien geprüft und priorisiert werden. Eine mögliche Workshopunterlage zur Prozessauswahl ist in Abb. 2.5 dargestellt und entstammt der Beratungspraxis der Autoren.

In den Zeilen lassen sich einzelne Prozesse sammeln und mit Hilfe der Kriterien in den Spalten bewerten. Vor allem bei der erstmaligen Durchführung beziehungsweise zu Beginn eines RPA-Einsatzes bietet es sich an, solche Workshops von (externen) RPA-Spezialisten begleiten zu lassen. Das vorhandene Know-how kann dann Stück für Stück und im Zeitablauf internalisiert werden.

Die dritte Möglichkeit umfasst die Analyse des vollständigen Prozessbestands eines Instituts oder eines Bereichs. Sie ist am aufwändigsten und benötigt die meiste Zeit. Dafür lässt sich hierüber das im individuellen Institut vorhandene Potenzial für RPA treffsicher bestimmen. Die Detailtiefe einer solchen Analyse kann individuell entschieden werden, jedoch sollte im Ergebnis mindestens die Aussage zu jedem Prozess möglich sein, ob die-

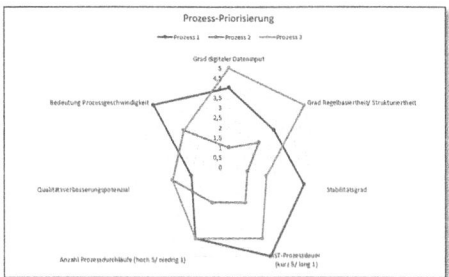

	Beteiligte Einheiten							Technische Kriterien			Betriebswirt. Kriterien											
Prozess	Kunde	Berater	Assistenz	Operations				Zeller-Grenze?	Grad digitaler Dateninput	Grad Regelbasiertheit/ Strukturiertheit	Stabilitätsgrad	IST-Prozessdauer (kurz 5/ lang 1)	Anzahl Prozessdurchläufe	Qualitätsverbesserungspotenzial	Bedeutung Prozessgeschwindigkeit	Score	Rang nach Kriterien	Ab welchem Prozessschritt digital?	Prozess als "Batch" ausführbar?	attended oder unattended?	Prozessdurchläufe pro Tag	Prozessdurchläufe p.a.	Durchschnittliche Bearbeitungszeiten
Prozess 1	x	x	x	x				ja	4	3	4	5	4	2	5	27	1	Kundendatenerfassung	nein	at	5	1250	60
Prozess 2		x	x	x				ja	1	2	1	2	2	3	3	14	3	Prozessbeginn	ja	un	10	2500	5
Prozess 3				x				nein	5	5	2	4	4	3	3	26	2	Prozessbeginn	ja	un	10	2500	10
																0	4					0	
																0	4					0	
																0	4					0	
																0	4					0	
																0	4					0	
																0	4					0	

Abb. 2.5 Prozessauswahlmatrix (eigene Darstellung)

ser voll-, teil-, oder nicht automatisierbar ist. Solche Analysen werden in der Praxis im Regelfall ebenfalls mit externer Unterstützung durchgeführt.

▶ **Important** Unabhängig von der Wahl der grundsätzlichen Vorgehensweise, hat sich in der Praxis ein dreistufiges Vorgehen bei der Bewertung der einzelnen Prozesse etabliert. Hierbei werden in einem ersten Schritt alle in Frage kommenden Prozesse anhand weniger technischer Auswahlkriterien bewertet. Ziel ist eine Aussage, ob ein Prozess automatisierbar ist oder nicht. Im zweiten Schritt werden die noch in Frage kommenden Prozesse detaillierter untersucht, nach wie vor mit einem technischen Fokus. Hier erfolgt eine – eventuell auch untereinander vergleichende – Beurteilung von Komplexität und möglichen technischen Herausforderungen, die eine Automatisierung im Vergleich schwieriger machen. Im dritten Schritt erfolgt dann die betriebswirtschaftliche Beurteilung der verbleibenden Prozesse. Hier werden Nutzen, meistens monetäre Einsparungen, und geschätzte Kosten der Automatisierung gegenübergestellt. Neben dieser prozessindividuellen Analyse lassen sich in diesem Schritt auch die einzelnen Prozesse miteinander vergleichen. Dabei bietet es sich an, den Nettonutzen der Prozesse als Vergleichskriterium zu verwenden. Dieser entspricht dem Nutzen (s. o., in der Regel Kosteneinsparungen) abzüglich der geschätzten Automatisierungskosten.

2.6   Implementierung von RPA

Das folgende Kapitel beschreibt die Vorgehensweise bei der Implementierung von RPA. Hierbei wird davon ausgegangen, dass diese projekthaft erfolgt. Oftmals beginnen erste RPA-Nutzungen im Unternehmen mit einer projekthaften Verprobung der neuen Technologie. Anschließend werden regelmäßig Folgeprojekte initiiert, bis ein Übergang in die Linie erfolgt (Smeets et al., 2021a). Ab diesem Zeitpunkt lassen sich in der Praxis projektunabhängige Aktivitäten beobachten, insbesondere erfolgt dann ein Betreuen der automatisierten Prozesse genau wie ein Aufsetzen neuer Prozesse im „Daily Business".

Die Vorteile einer projekthaften Implementierung von RPA sind insbesondere (s. a. Smeets et al., 2021a):

- Ausreichend Budget, Zeit und Ressourcen
- Hohe Aufmerksamkeit potenzieller Stakeholder
- „Grüne Wiese", um Erfahrungen im Umgang mit RPA zu sammeln
- Risikominimierend, da zunächst Pilotierung möglich
- „Behutsames" Kennenlernen der Technologie durch Stakeholder und Beschäftigte

▶   **Important** Es empfiehlt sich ein 8-schrittiges Vorgehen, welches in Abb. 2.6 dargestellt ist. Die dort skizzierte Vorgehensweise hat sich in der Praxis bewährt. Sie sichert einen strukturierten Projektablauf und verhindert ein Vergessen einzelner, relevanter Schritte.

Abschn. 4.3.3.3.5 beschreibt einzelne Projektschritte aus dem Blickwinkel der Revision. Der Fokus dort liegt auf den Anforderungen der BAIT. Das hier beschriebene

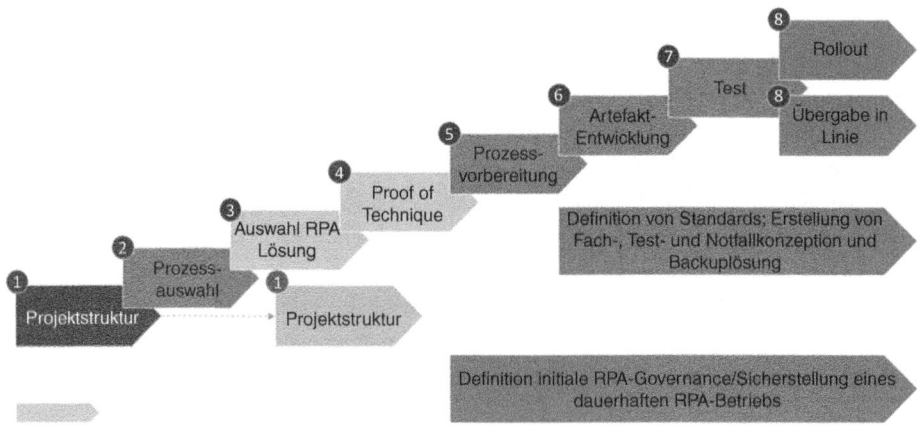

Abb. 2.6 Projekthafte Implementierung von RPA. (Smeets et al., 2021a)

Vorgehen berücksichtigt diese aufsichtsrechtlichen Anforderungen entsprechend innerhalb der einzelnen Schritte.

2.6.1 Aufsetzen Projektstruktur

Wie in jedem Projekt stellt das Aufsetzen einer geeigneten Projektstruktur den Ausgangspunkt dar. Aufträge/Ziele sind klar zu benennen, Verantwortlichkeiten zu definieren und Budgets zu verteilen. Im Falle eines RPA-Projekts empfiehlt es sich, sowohl Mitarbeitende der IT als auch der Fachbereiche, deren Prozess/Prozesse zu Beginn Ziel der Automatisierung sind, einzubinden. Weitere relevante Stakeholder für ein Projekt, in dem eine neue Technologie verprobt wird, sind regelmäßig der Revisions- und Compliancebereich.

Sofern noch nicht geschehen, empfiehlt es sich beim Aufsetzen der Projektstruktur die notwendigen RPA-Spezialisten – meist von extern – einzubinden. Benötigt werden mindestens ein Prozess- und RPA-/KI-Business-Analyst und ein RPA-/KI-Entwickler. Die Teamgröße ist abhängig vom Umfang des Projekts. Die Praxis zeigt, dass meist jedoch eine Mitarbeiterkapazität (MAK) je Rolle ausreicht.

In der Praxis hat es sich bewährt, RPA-Projekte nicht ausschließlich extern zu besetzen, sondern in mindestens gleichem Umfang interne Projektmitarbeitende zu definieren (s. a. Smeets et al., 2021a). Dies sollten insbesondere diejenigen Mitarbeitende sein, die später auch Verantwortung für die Technologie tragen oder mit dieser im täglichen Betrieb arbeiten. Das aufzusetzende Projekt lässt sich in einzelne Teilprojekte untergliedern. Auch hier gilt, dass die Notwendigkeit abhängig von der Gesamtgröße des Projekts ist. Mindestens müssen aber die genannten Themen berücksichtigt werden. Die einzelnen Teilprojekte bzw. Themenfelder sind:

- Die organisatorische Implementierung von RPA, also die „Verankerung" innerhalb des späteren Linienbetriebs
- Die technische Implementierung von RPA, also die Installation der Software auf Servern und Clients
- Eine Prozessauswahl, -analyse und ggf. -anpassung
- Die eigentliche Entwicklung/Prozessautomatisierung
- Ein Testing
- Der finale Rollout in den Produktivbetrieb

2.6.2 Prozessauswahl

Zweiter Schritt ist die Auswahl der Prozesse, die im Rahmen des (Pilot-)Projekts automatisiert werden sollen. Dies ist immer dann erforderlich, wenn diese nicht bereits vor Umsetzung der Automatisierung feststehen. Das grundsätzliche Vorgehen bei der Prozessauswahl wurde im vorherigen Kapitel skizziert. Es bietet sich immer dann an, wenn entweder in Workshops Prozesse ausgewählt und priorisiert werden, oder wenn ganze Prozesslandkarten auf automatisierbare Prozesse hin untersucht werden sollen (Smeets et al., 2021a).

2.6.3 Auswahl der RPA-Lösung

Sofern noch nicht ausgewählt, ist eine Entscheidung für einen Anbieter von RPA-Software zu treffen. Der Markt ist in ständiger Bewegung, weshalb eine Aufzählung möglicher Anbieter zum Zeitpunkt der Verfassung dieses Kapitels nicht sinnvoll erscheint. Wohl aber können die aktuell drei relevantesten Anbieter am Markt genannt werden – dies sind Ui-Path, Automation Anywhere und Blue Prism.

Die Softwareauswahl besitzt große Relevanz, ist sie doch entscheidend für die Automatisierungen der Folgejahre. Ein Wechsel zwischen Softwares – nach einmal gestartetem Einsatz im Unternehmen – ist nur schwer möglich, jeder automatisierte Prozess müsste neu aufgesetzt/konfiguriert werden. Die Auswahl geht zusätzlich eng mit der Auswahl der zu automatisierenden Prozesse einher. Einzelne RPA-Lösungen interagieren besser mit bestimmten Anwendungen als andere. Auch die Einfachheit der Prozessentwicklung oder die Konformität mit der vorhandenen IT-Architektur innerhalb der Bank können relevante Unterscheidungsmerkmale der einzelnen Lösungen sein. Die nachfolgende Aufzählung stellt mögliche Differenzierungsoptionen dar (Smeets et al., 2021a).

- Einführungskosten
- Lizenzkosten
- Zu erwartende sonstige Kosten
- Software-Bestandteile und -Bedienbarkeit
- Unterstützung/Trainings
- Revisions-, Informations- und Compliance-Sicherheit
- Systemvoraussetzungen und Integrationsfähigkeit
- Benötigte Beistellleistungen
- Erfahrung des Anbieters in Branche, betrachtetem Prozessbereich, etc.
- Standort, Rechtsform, etc.
- Support des Anbieters
- Produkt-Roadmap

2.6.4 Proof of Technique

Im Anschluss an die Softwareauswahl – oder aber noch vor einer Entscheidung – ist ein „Proof of Technique" (PoT) zu empfehlen. Der PoT meint die technische Verprobung der favorisierten RPA-Software. Hier wird das Zusammenspiel mit den zu automatisierenden Anwendungen geprobt. Zu testende Punkte sind – neben der vorstehend genannten Konnektivität – die Möglichkeit der Installation der RPA-Software in den hauseigenen Systemen und Umgebungen sowie die Lese- und Schreibfähigkeit innerhalb aller relevanten Anwendungen.

Teilweise werden PoTs auch bereits im Rahmen der Auswahl der zu nutzenden RPA-Software durchgeführt. Egal wann, wichtig ist ein möglichst umfassender PoT. Ein späterer Wechsel der Software bringt massive Herausforderungen mit sich und benötigt regelmäßig viel Zeit. Es sollten hierbei nicht nur die im direkten (Pilot-)Projekt angestrebten Automatisierungen, sondern auch mögliche spätere Automatisierungen berücksichtigt werden. Hier kann es sich um völlig andere Anwendungen handeln, die sinnvollerweise entsprechend auch zu Beginn auf ihre Konnektivität hin überprüft werden. Oft lassen sich diese Anwendungen identifizieren, in dem mögliche künftige Zielprozesse oder Unternehmensbereiche bereits zu Beginn der Automatisierungs-Journey identifiziert werden.

2.6.5 Prozessvorbereitung

Im fünften Schritt erfolgt die Vorbereitung des zu automatisierenden Prozesses (oder mehrerer). In der Praxis oft vernachlässigt, kann die Relevanz dieser Vorbereitung nur immer wieder eindringlich betont werden. Ein schlechter Prozess, der automatisiert wird, ist anschließend nur ein schlechter automatisierter Prozess. Eine anstehende Automatisierung kann hier gut als Anknüpfpunkt für eine umfassende Prozessanalyse und -verbesserung genutzt werden. Die Schritte der Prozessvorbereitung umfassen insbesondere:

* Die IST-Prozessaufnahme
* Eine Skizze des Soll-Zustands
* Die Analyse notwendiger Anpassungen, um vom IST zum Soll zu gelangen
* Die Erarbeitung eines konkreten Vorgehens zur Umsetzung der Anpassungen

Solche Prozessvorbereitungen finden regelmäßig in Workshops statt. In diese sind unterschiedliche Personen oder Personengruppen einzubeziehen. Neben dem RPA-Business-Analysten nimmt idealerweise direkt der RPA-Entwickler teil, um den späteren Zielprozess detailliert zu verstehen. Es bietet sich an, Beteiligte von IT- und Fachseite in diese Prozessworkshops einzubinden. Die IT-Seite ist Ansprechpartner für alle technischen/anwendungsbezogenen Fragen, die in der Prozessanalyse oder Gestaltung des Zielprozesses entstehen. Die Fachseite gibt den fachlichen Input, kann also beispielsweise Auskunft geben, ob bestimmte Prozessschritte tatsächlich notwendig sind oder aber entfallen können. Zusätzlich befindet sich hier regelmäßig das „Prozess-Ownership" und damit das beste Wissen bezüglich des relevanten Prozesses.

Die Ergebnisse der Workshops werden in sogenannten Prozess-Definitions-Dokumenten (PDD) festgehalten. Hierin sind alle relevanten Informationen enthalten, insbesondere (Smeets et al., 2021a):

- Übersichtsseite mit allen relevanten Informationen wie
  a) Erstelldatum
  b) Revisionen/Anpassungen
  c) Erstellende Einheit/Person
  d) Prozessverantwortliche Einheit/Person
  e) Bot-Entwickler
  f) Ggf. weitere individuelle Informationen
- Darstellung Gesamtprozess mit Ausweis der einzelnen Subprozesse
- Einzelseite je Subprozess mit
  a) Vorher erstellten Screenshots auf niedrigster Detailebene
  b) Abbildung des Prozesses in Workflow-Diagramm-Form
  c) Verbaler Beschreibung der Schritte
  d) Hinweisen auf Besonderheiten
  e) Verweisen auf zu verwende Zusatzdaten (beispielsweise Tabellen außerhalb der eigentlich zu automatisierenden Anwendung, die der Bot nutzen soll)

Das PDD dient nicht nur dem Entwickler bei der Umsetzung der Automatisierung. Auch der Prozesstest kann mittels des Dokuments erfolgen. Zusätzlich bietet es eine Grundlage für die Überprüfung der RPA-Implementierung durch die Revision. Alles, was im PDD steht, muss auch technisch umgesetzt sein – umgekehrt darf nichts umgesetzt sein, was nicht im PDD dokumentiert ist.

2.6.6 Artefaktentwicklung

Auf Basis des PDD wird im sechsten Schritt der eigentliche RPA-Prozess technisch „entwickelt" oder „konfiguriert". Hierbei kann wasserfallartig oder agil vorgegangen werden – zuletzt hat sich in der Praxis ein agiles Vorgehen bewährt. Dabei wird zuerst ein sogenanntes „MVP – Minimal Viable Product" erstellt, ein in der agilen Entwicklung häufig verwendeter Begriff. Hierbei wird zunächst der Standard-Fall automatisiert, also der Hauptstrang des Prozessbaums abgebildet. Sonderfälle bleiben zunächst unberücksichtigt. Im zweiten Schritt folgen Ausnahmen und Nebenstränge. Erst im dritten Schritt werden dann auch Sonderfälle integriert. Der Umfang ist hier entsprechend groß, es kann regelmäßig eine Vielzahl möglicher Prozessvarianten automatisiert bearbeitet werden. Dennoch wird selten eine vollständige Automatisierung erreicht, also ein Automatisierungsgrad von 100 % erzielt. Grund hierfür sind in der Praxis immer wieder vorkommende Ausnahmen und Sonderfälle, die so individuell und selten sind, dass der Nutzen einer Automatisierung die zugehörigen Kosten nicht überwiegen würde.

RPA-Entwicklung ist keine Softwareentwicklung im üblichen Sinne. Es kann vielmehr von einer Konfiguration gesprochen werden, da nur selten oder gar nicht programmiert wird (es werden keine Codezeilen o. ä. geschrieben). Dennoch empfiehlt es sich, relevante Grundsätze der Softwareentwicklung zu berücksichtigen. Dies ist beispielsweise die Wahl der korrekten Anwendungsumgebung. So sollte eine Prozess-Entwicklung innerhalb einer Entwicklungsumgebung der zu automatisierenden Anwendung stattfinden, der anschließende Test in der Testumgebung und erst der Live-Betrieb in der Produktionsumgebung. Sind keine Entwicklungs- und Testumgebungen vorhanden oder weichen diese zu sehr von der Produktionsumgebung ab, kann ausnahmsweise eine Entwicklung im Produktionsbetrieb erfolgen. In diesem Fall sind zur Absicherung jedoch weitere Vorkehrungen zu treffen, beispielsweise eine Einschränkung der Userrechte und eine umfängliche Dokumentation. Ansprechpartner für die organisationsindividuellen Erfordernisse im Rahmen der Entwicklung sind regelmäßig Revision und Informationssicherheitsmanagement (Smeets et al., 2021a).

2.6.7 Test

Die Testphase erfolgt entweder im Anschluss an die Entwicklung, oder aber bereits parallelisiert. Letzteres insbesondere dann, wenn ein agiles Entwicklungsvorgehen gewählt worden ist oder wenn die Entwicklung einzelner, in sich geschlossener Prozessteile erfolgt. Es empfiehlt sich ein dreistufiges Vorgehen (s. a. Smeets et al., 2021a).:

1. Erstellen einer geeigneten Testkonzeption
2. Testdurchführung
3. Abnahme und Freigabe

Im ersten Schritt wird definiert, was genau und in welchem Umfang getestet werden soll. Wichtig ist eine vollständige Berücksichtigung aller vom RPA-Bot durchgeführten Tätigkeiten. Der Prozess ist also „end-to-end" zu testen. Neben dem Testumfang ist im Zuge der Konzeption ebenfalls festzulegen, wer die Tests durchführt, wann diese durchgeführt werden und wer die erfolgreiche Testdurchführung am Ende bestätigt.

Es bietet sich an, die institutsspezifischen Richtlinien für Softwareentwicklung – sofern vorhanden – zu berücksichtigen. Im Regelfall wird hierdurch auch das Einhalten aufsichtsrechtlicher Anforderungen (bspw. BAIT) sichergestellt.

Im zweiten Schritt erfolgt die Durchführung der Tests. Damit sind nicht die (laufenden) Entwicklertests gemeint, die die RPA-Entwickler im Zuge des Aufsetzens der RPA-Prozesse durchführen. Vielmehr sind hier die anschließenden fachlichen Tests gemeint, die entsprechend idealerweise von fachlich versierten Personen durchgeführt werden, bspw. den Prozessownern. Sämtliche Testläufe sind umfassend zu dokumentieren. Dies umfasst insbesondere eine Testfallbeschreibung, verwendete Testdaten und das Ergebnis des Tests. Im Idealfall werden neben Positivtests, also Tests, bei denen ein positives Ergebnis erwartet wird, auch Negativtests durchgeführt. Dies meint Tests, bei denen ein Fehler erwartet wird (bspw. „Der Bot darf nicht versehentlich Ereignis xy auslösen, sondern muss vorher mit einem Fehler stoppen").

Die abschließende Abnahme und Freigabe bescheinigt einen positiven Abschluss der RPA-Entwicklung. Sie erfolgt erst dann, wenn die im Rahmen der Testkonzeption definierten Ergebnisse konstant erzielt werden. Bei einem reinen (regelbasiert arbeitenden) RPA-Bot ist das im Regelfall ein 100 %-Ergebnis, also das vollständige und immer richtige Abarbeiten des relevanten Prozesses. Ist eine Komponente integriert, die auf künstlicher Intelligenz basiert (d. h. es wird cognitive RPA verwendet), kann hiervon abgewichen werden. So ist es üblich, Prozentschwellen zu definieren, bei denen von einem funktionsfähigen Prozess ausgegangen wird. Die fehlerhaften Fälle sind dann von Mitarbeitenden zu bearbeiten. Zusätzlich ist davon auszugehen, dass die Fehleranzahl im Zeitablauf sinkt.

2.6.8   Rollout und Übergabe in die Linie

Sind die Test erfolgreich verlaufen und ist die Abnahme bescheinigt, kann der Rollout (oder Go-Live) des RPA-Prozesses erfolgen. Hierbei sind mehrere Dimensionen zu berücksichtigen:

Zunächst ist ein technischer Übertrag des entwickelten RPA-Prozesses in die Produktionsumgebung notwendig. Dabei wird sichergestellt, dass alle Sicherheitsvorgaben eingehalten werden und ein Start des Bots möglich ist. Neben der rein technischen Dimension sind zusätzlich die mit dem neuen RPA-Prozess interagierenden Mitarbeitenden ausreichend vorzubereiten. Hier sind Konzeptionen oder Anleitungen zur Prozessdurchführung und ggf. sogar Schulungen notwendig. Auch die nicht direkt mit dem RPA-Prozess interagierenden Mitarbeitenden sind idealerweise zu informieren und auf die veränderte Prozesswelt vorzubereiten.

Werden mehrere Prozesse live geschaltet, ist eine Reihenfolge zu definieren. Ebenso, wenn ein Prozess in mehreren Bereichen eingesetzt werden soll. Oft bietet es sich in beiden Fällen an, risikoarm zu agieren, also anstelle einer Parallelisierung auf sequenzielle Go-Lives zu setzen.

Nach Go-Live bietet sich eine kurze Intensivbetreuungsphase an. In dieser sollte genau beobachtet werden, ob sich der RPA-Bot im Produktionsbetrieb wie erwartet und getestet verhält. Andernfalls sind hier zügige Anpassungen vorzunehmen. Dabei ist zu beachten, dass „schnelle" Anpassungen in der Produktionsumgebung in aller Regel nicht möglich sind. Anstelle dessen sind Fehler erneut in der Entwicklungsumgebung zu beheben, in der Testumgebung zu testen, abzunehmen und dann erst als angepasster Prozess in den Produktionsbetrieb zu übernehmen.

Sind der Go-Live und die Intensivbetreuungsphase abgeschlossen hat das Institut zu entscheiden, wie weiter mit der RPA-Technologie umgegangen werden soll. Oft wird die Projektform beibehalten und es werden weitere Prozesse ausgewählt und automatisiert. Haben bereits ausreichend umfangreiche Schulungen der Mitarbeitenden stattgefunden, kann eine Übergabe der RPA-Verantwortung in den Linienbetrieb erwogen werden. In diesem Fall erfolgen Betreuung/Maintenance des automatisierten Prozesses und die Automatisierung weiterer Prozesse aus der Linieneinheit heraus.

2.6.9   Definition von Betriebsstandards und Aufsetzen einer RPA-Governance

Parallel zu den hier beschriebenen Schritten empfiehlt es sich bereits zu Beginn der RPA-Nutzung grundlegende Rahmenbedingungen für den täglichen RPA-Betrieb zu definieren und auch Regelungen für den Umgang mit technischen Ausfällen zu treffen.

Wie jede andere Anwendung ist auch die RPA-Software selbst zu warten und in ihrem Betrieb zu betreuen. Es ist sicherzustellen, dass plötzlich auftretende Fehler schnellstmöglich analysiert und behoben werden können. Bei umfassendem Einsatz von RPA kann die Produktionsbetreuung entsprechende Herausforderungen mit sich bringen und muss geplant werden. Die Schätzungen bzgl. der Anzahl benötigter Mitarbeiter pro Bot reichen von ca. 0,1 bis 0,3. Dies bedeutet, dass eine Person etwa drei bis zehn Bots betreut. Die Relationen sind grundsätzlich von einer Vielzahl von Faktoren abhängig, beispielsweise vom Know-how der Betreuer, dem Reifegrad von RPA im Unternehmen oder der Komplexität und Stabilität der automatisierten Prozesse. Die verantwortlichen Mitarbeitenden sollten so geschult sein und über so viel RPA-Know-how verfügen, dass sie einen Großteil der technischen Probleme selbst erkennen, analysieren und lösen können. Das gilt insbesondere für den technischen Teil. Die Mitarbeiter müssen keine Prozesseigner sein oder über technisches Wissen über den automatisierten Prozess verfügen. Vielmehr unterstützen sie die technischen Manager bei der Lösung der Probleme.

Bei der organisatorischen Einordnung der Produktionsunterstützung gibt es unterschiedliche Ansätze. Häufig wird sie im IT-Bereich gesehen, manchmal im organisatorischen Bereich und – selten – in anderen Bereichen, wie dem technischen Bereich (Smeets et al., 2021a).

Weitere relevante Bereiche, die durch eine RPA-Governance definiert werden sollten, sind folgende (Smeets et al., 2021a):

- Die strategischen Ziele des RPA-Einsatzes sollten definiert sein. Hierbei empfiehlt sich die Anlehnung an bzw. Ableitung von den bestehenden strategischen Unternehmenszielen.
- Vorhandene Prozesse sollten einmalig und kontinuierlich auf ihre Automatisierbarkeit hin überprüft werden. Hierüber werden laufend Potenziale identifiziert. Zusätzlich ist ein Regelprozess für die Identifizierung solcher Potenziale im laufenden Betrieb aufzusetzen.
- Für das Management automatisierter Prozesse und im Betrieb befindlicher Bots sind Verantwortlichkeiten und Richtlinien zu implementieren.
- Es bietet sich an, ein RPA-Know-how aufzubauen und ein entsprechendes Wissensmanagement im Unternehmen zu betreiben.
- Für die Identifikation von Automatisierungspotenzialen u. ä. können Anreizsystematiken geschaffen werden.
- Ein oft schon vorhandener „Kontinuierlicher Verbesserungsprozess" sollte auch im Hinblick auf RPA eingesetzt werden.

Auch die organisatorische Eingliederung von RPA wird im Rahmen der RPA-Governance definiert. Hierauf wird das Kap. 4 detaillierter eingehen.

2.7   Zusammenfassung

Kap. 2 hat einen Überblick über die RPA-Technologie und mögliche Anwendungsbereiche (insbesondere in Banken) geliefert sowie ein mögliches Vorgehen bei der Implementierung der Technologie vorgeschlagen.

- Der Trend hin zur Automatisierung von bisher manuellen Prozessen ist stabil und mittlerweile auch im Finanzdienstleistungssektor an vielen Stellen zu spüren
- Robotic Process Automation ist ein Tool im Werkzeugkasten des Prozessmanagers, mit dem (digitale) Prozesse einfach, schnell und ohne notwendige technische Schnittstellen automatisiert werden können
- RPA lässt sich um weitere Komponenten ergänzen, beispielsweise Künstliche Intelligenz (KI/AI) – hier wird dann von Kognitiver Automation oder Hyperautomation gesprochen
- Im Fokus der RPA-Nutzung stehen meist die Ziele „Kosteneinsparung", „Qualitätsverbesserung" und „Zeitersparnis", aber auch andere Dinge – wie bspw. eine schnelle time-to-market für neue Prozesse – können Hauptzielsetzungen sein
- Die wichtigsten Anwendungsbereiche für RPA sind das Backoffice, der Bereich Finanzen und die IT
- Geeignete Prozesse zur Potenzialhebung sind solche, die digital, regelbasiert und strukturiert stattfinden (wird KI ergänzt, lassen sich die Kriterien „strukturiert" und „regelbasiert" ein Stück weit entschärfen)
- Die Implementierung von RPA folgt einem 8-Stufen-Modell und ist an die Vorgehensweise bei einer klassischen Softwareentwicklung angelehnt

Literatur

Allweyer, T. (2016). *Robotic Process Automation – Neue Perspektiven für die Prozessautomatisierung.* Working Paper Fachbe-reich Informatik und Mikrosystemtechnik Hochschule Kaiserslautern. http://www.kurzeprozesse.de/blog/wp-content/up-loads/2016/11/Neue-Perspektiven-durch-Robotic-Process-Automation.pdf. Zugegriffen am 05.09.2022.

Gartner. (2022). *Hyperautomation.* https://www.gartner.com/en/information-technology/glossary/hyperautomation. Zugegriffen am 09.09.2022.

Jalali-Sohi, M. (2021). *Hyperautomation, strategischer Technologietrend für Unternehmen.* Bigdata Insider. https://www.bigdata-insider.de/hyperautomation-strategischer-technologietrend-fuer-unternehmen-a-1078308/. Zugegriffen am 09.09.2022.

Jarrahi, M. H. (2018). Artificial intelligence and the future of work: Human-AI symbiosis in organizational decision making. *Business Horizons, 61*(4), 577–586. https://doi.org/10.1016/j.bushor.2018.03.007

Kaiser, T., & Koehne, M. F. (2007). *Operationelle Risiken in Finanzinstituten. Eine praxisorientierte Einführung* (2. Aufl.). Gabler (SpringerLink Bücher).

Kolbjørnsrud, V., Amico, R., & Thomas, R. J. (2017). Partnering with AI: how organizations can win over skeptical managers. *Strategy & Leadership, 45*(1), 37–43. https://doi.org/10.1108/SL-12-2016-0085

Lacity, M., & Willcocks, L. (2016). Robotic process automation at Telefónica O2. *MIS Q Exec, 15*(1), 21–35.

Mahroof, K. (2019). A human-centric perspective exploring the readiness towards smart warehousing: The case of a large retail distribution warehouse. *International Journal of Information Management, 45*, 176–190. https://doi.org/10.1016/j.ijinfomgt.2018.11.008

McKinsey Global Institute. (2017). *A future that works: Automation, employment, and productivity.*

Ostrowicz, S. (2017). *Einsatz von Robotics in der Finanzindustrie.* https://www.horvath-partners.com/es/media-center/studien/detail/einsatz-von-robotics-in-der-finanzindustrie/. Zugegriffen am 24.01.2019.

Ostrowicz, S. (2018). *Next Generation Process Automation: Integrierte Prozessautomation im Zeitalter der Digitalisierung. Ergebnisbericht Studie 2018.* Horváth & Partners.

Otto, S., & Longo, M. (2017). *ISG-Studie: Robotic Process Automation (RPA) sorgt für mehr Produktivität und nicht für Jobverluste.* https://www.isg-one.com/docs/default-source/default-document-library/isg-automation-index-de_final_form.pdf?sfvrsn=15defe31_0. Zugegrifffen am 20.01.2019.

Ranerup, A., & Henriksen, H. Z. (2019). Value positions viewed through the lens of automated decision-making: The case of social services. *Government Information Quarterly, 36*(4), 101377. https://doi.org/10.1016/j.giq.2019.05.004

Smeets, M. R., Ostendorf, R. J., & Rötzel, P. G. (2021b). RPA for the financial industry. In C. Czarnecki & P. Fettke (Hrsg.), *Robotic process automation. Management, technology, applications* (S. 263–284). Walter de Gruyter GmbH (De Gruyter STEM).

Smeets, M., Erhard, R. U., & Kaußler, T. (2021a). *Robotic Process Automation (RPA) in the financial sector. Technology – Implementation – Success for decision makers and users.* Springer Gabler. http://www.springer.com/

Watson, J., & Wright, D. (2017). *The robots are ready. Are you?* https://www2.deloitte.com/content/dam/Deloitte/tr/Documents/technology/deloitte-robots-are-ready.pdf. Zugegriffen am 09.09.2022.

RPA als Hilfsmittel zur strategischen Positionierung im Wettbewerb

3

Nachdem im zweiten Kapitel die Vorteile und Möglichkeiten des RPA-Einsatzes im Fokus standen, erfolgt jetzt ein Schritt zur Seite: die Darstellung der aktuellen Wettbewerbssituation im Bankenbereich. Im Anschluss steht die Aufbereitung traditioneller Wettbewerbsstrategien einschließlich deren Reflexion für den Bankensektor an. Auf diesen Ergebnissen basierend, erfolgt eine Weiterentwicklung möglicher erfolgversprechender Ausrichtungen im Wettbewerb. Abschließend wird die Verwendung von RPA zur Positionierung im aktuellen Wettbewerbsumfeld präsentiert.

3.1 Entwicklung des Wettbewerbsumfelds

3.1.1 Betrachtung der Zinsperspektive

Für die Ertragssituation der Banken waren in den letzten Jahren die Niedrigzinspolitik über den negativen Leitzins und die Anleihekäufe seitens der EZB von besonderer Bedeutung (Buhse, 2015). Durch ein Absinken der langfristigen Renditen bis in den Negativbereich und deren Implikationen für die Zinslandschaft insgesamt, reduzierte sich eine bedeutende Ertragskomponente der Kreditinstitute: das Ergebnis der Fristentransformation und der daraus fließende Strukturbeitrag. Hierzu werden (formal) kurzfristige Kundengelder oder Aufnahmen am Geld- und Kapitalmarkt langfristig angelegt (Grill et al., 2022). So wurden zwischenzeitlich 10-jährige Baufinanzierungen für unter 1,0 % Effektivzins durch die Banken angeboten (Barlage, 2022). Dass hiermit kein ausgeprägtes Zinsergebnis zu erzielen ist, versteht sich nahezu von selbst.

Ohne diese Ausleihungen hätten die Geldbestände der Banken und Sparkassen auf den Konten der EZB oder in (neu zu bauenden) Tresoren geparkt werden müssen. Die

M. R. Smeets et al., *Robotic Process Automation im Einsatz*, https://doi.org/10.1007/978-3-658-41956-1_3

Negativzinsen der EZB sowie die absehbaren Unterhaltskosten neuer Tresore haben diese Möglichkeiten wenig attraktiv erscheinen lassen (EZB, 2021).

Somit war die Anlage in (gering) verzinsliche Anleihen und (immobiliar gesicherte) langfristige Kredite das kleinste Übel, um die Niedrigzinsphase ökonomisch zu überstehen. Trotzdem ging die Ertragsstärke der Banken massiv zurück, was sich in den ökonomischen Kennzahlen vieler Häuser zeigte (Deutsche Bundesbank, 2021).

Gleichzeitig war aber auch klar, dass diese Niedrigzinsphase endlich sein würde, denn die EZB provozierte mit ihrer Geldpolitik eine höhere Inflationsrate. Die Geldentwertung beschleunigte sich (spätestens) seit Anfang 2022 global – so auch in der Eurozone. Neben der EZB hatten auch andere Zentralbanken eine sehr lockere Zinspolitik umgesetzt, welche sich im Verlauf des Jahres 2022 und teilweise bereits früher deutlich änderte (Tageschau, 2022). Die massiven Steigerungen der Zinsen – durch das Verringern bzw. Stoppen der Anleihekäufe ist auch der langfristige Bereich massiv betroffen – führen zu einem Dilemma für die Bestände der Banken: ihre noch über Jahre laufenden Anleihen und Kundendarlehen verlieren, gemessen an aktuellen Abschlüssen, an Wert. Um diese Entwicklung einzuordnen, muss man sich vergegenwärtigen, dass die Zinsentwicklung des ersten Halbjahres 2022 so ausgeprägt war, dass sie hinsichtlich der Höhe des Zinsanstiegs selbst die angenommenen Zinsschocks der Aufsicht übertraf.

Soweit diese Assets Bestandteile des Umlaufvermögens sind, greift das strenge Niederstwertprinzip des § 253 IV HGB. Werden sie dem Anlagevermögen zugeordnet, gilt statt des strengen das gemilderte Niederstwertprinzip (§ 253 III HGB), sodass ein Abschreibungswahlrecht besteht. Überschreitet jedoch der Buchwert den gesamten Barwert des Bankbuches, ist eine Drohverlustrückstellung in der Handels- und in der Steuerbilanz zu bilden, soweit die Bank aktuell schon barwertig steuert. Kleinere Banken, deren verbindliche Barwertsteuerung mit dem Wegfall der sogenannten Annex-Regelung – gemäß BaFin Schreiben vom 03.12.2021 – erst im Jahr 2023 startet, konnten 2022 noch die Rückstellungsbildung auf konventioneller Grundlage durchführen. Soweit in der GuV-Betrachtung Risiken auftreten, die nicht durch Abwertungen abbildbar sind, besteht jedoch heute schon für kleine Institute die Verpflichtung der Rückstellungsbildung (IDW, 2017; BaFin, 2021). Bleiben diese Assets bis zum Laufzeitende im Bestand und fließen planmäßig zum versprochenen und eingeplanten Kurs zurück, entstehen während der Laufzeit „nur" Opportunitätskosten, da auf attraktivere Anlageoptionen verzichtet wurde.

Die temporären Negativauswirkungen lassen sich zwar mit dem Abschluss von Sicherungsgeschäften verhindern, die aber ihrerseits zu (dauerhaften) GuV-Belastungen führen. Mit dem Wiederanstieg der Zinsen gefährden die langfristigen Engagements kurzfristig die Ertragssituation der Banken (erneut), da sie zu massiven Wertkorrekturen führen (können). Dass steigende Zinsen mittelfristig die Ertragsstärke der Banken stärken (können), bleibt davon unberührt (Deutsche Bundesbank, 2019a, b).

3.1.2 Aufsichtsrechtliche Betrachtung

Als weitere Belastung wirken sich die Anforderungen von Basel III auf die Bankenwelt aus. Mit diesem Regelwerk ist eine Fülle an (umfangreichen) Vorschriften für Kreditinstitute relevant geworden. Hierzu zählt die Verschärfung der Eigenkapitalanforderung, um die gesamte Branche krisensicherer auszurichten. So wird das zinstragende Geschäft der Banken (weiter) beschränkt (Deutsche Bundesbank, 2011). Die aufsichtsrechtliche Logik folgt nicht zwingend der Ökonomie. Art. 114 der CRR sieht vor, dass Forderungen gegen Mitgliedsstaaten in Landeswährung keine Eigenkapitalhinterlegung benötigen, da sie als sicher definiert sind (EU, 2022). Angesichts der Schwierigkeiten, die beispielsweise Griechenland im Rahmen der letzten Finanzkrise hatte und die nur mit massiven Hilfspaketen abwendbar waren (Europäische Kommission, 2022), erscheint diese Bewertung wenig konsequent.

Gleichzeitig führte die Aufsicht die Leverage Ratio ein, welche die Risikogewichtung außeracht lässt und eine einzuhaltende Relation von Kernkapital zu Gesamtengagement fordert (Deutsche Bundesbank, o. J.). Die Logik ist schwer nachvollziehbar, wenn auf der einen Seite aufwändige Verfahren erforderlich sind (oder sein sollen), um die Risikogewichte zu ermitteln, und diese durch ein weiteres Verfahren (= Ratio) wieder außer Kraft gesetzt werden. Fast könnte man den Eindruck gewinnen, dass die Aufsicht ihren eingeführten Instrumenten nur begrenzt die erforderliche Steuerungswirkung zuspricht. Pointiert könnte man sich auch die Frage stellen, warum aufwändige Ratings eingeführt werden, wenn den Ergebnissen der risikoadjustierten Eigenkapitalhinterlegung doch nicht geglaubt wird (Ostendorf, 2023). Für kleine Häuser gestaltet sich die Umsetzung der Vielzahl an Anforderungen – trotz der bestehenden Erleichterungen – als besonders schwierig, da sie nur über (sehr) begrenzte Manpower zur Umsetzung dieser Themen verfügen (BVR, 2021, 2022). Diese offensichtliche Benachteiligung ist auch ökonomisch schwer nachzuvollziehen, da in der letzten Finanzkrise die kleinen Einheiten nicht für (systemrelevante) Gefahren verantwortlich waren. Durch diesen Druck zur Fusion geht die Granularität verloren, sodass künftige Krisen schwieriger zu bewältigen sein dürften. Vor diesem Hintergrund scheint die politische Idee, die Commerzbank mit der Deutschen Bank zu fusionieren, ökonomisch eher fragwürdig (Beise, 2019; Gammelin, 2019). Somit ist es gut, dass dieses Thema nicht mehr Bestandteil der aktuellen politischen Agenda ist.

3.1.3 Moralisches Anspruchsdilemma

Das Auseinanderfallen von Wunsch und Wirklichkeit im Bereich der Anforderungserfüllung stellt eine weitere Herausforderung dar. So wird neben der ökonomischen Vorteilhaftigkeit bei einer Geldanlage zunehmend auch die Einhaltung weiterer Kriterien verlangt. Hierzu zählen ökologische, ethische und soziale Mindeststandards. Die

Zuwachsraten dieser Anlageprodukte sind beachtlich, wenn auch das Gesamtniveau noch vergleichsweise gering ist. Um diesem Anlegerwunsch gerecht zu werden, sind inzwischen u. a. entsprechende Indices entwickelt worden, wie der *DAX® 50 ESG, der* MSCI® World SRI Index und der Dow Jones Sustainability Index Worldwide (DJSI®) (Ostendorf et al., 2023). Dieser gestiegene gesellschaftliche Anspruch findet sich auch in anderen Bereichen, wie der Landwirtschaft und dem Produktionsprozess bei ausländischen Zulieferern wieder (Zander et al., 2013; BMEL, 2015; Sepehr, 2018)

Gleichzeitig gibt es eine Tendenz der aktiven Rechtsbrüche, die auch offensichtlich wurden. Hierzu zählen

- der VW-Dieselskandal, der natürlich nicht die Bankenbranche betrifft, aber den Umfang möglicher Rechtsverstöße verdeutlicht (NDR, 2020),
- die CumEx-Verstöße, wobei fehlende Regelungen zur massiven Steuerhinterziehung genutzt wurden (Jessen, 2019),
- umfangreiche Gesetzesverletzungen in Großkundenbeziehungen (RND, 2022),
- Anlegertäuschung im Rahmen der Finanzkrise 2008 (RND, 2022),
- Beteiligung an Geldwäsche (RND, 2022),
- rechtswidrige Kursgestaltung bedeutender Geldmarktzinssätze (RND, 2022),
- Ignorierung von internationalen Handelsverboten (RND, 2022),
- das (vermeintliche) Greenwashing bei den nachhaltigen DWS-Fonds (Berger, 2022).

Im Ergebnis haben diese Skandale dem Image der Bankenbranche wohl deutlich geschadet.

► **Important** Insgesamt bleibt festzuhalten, dass der propagierte Anspruch in den letzten Jahren deutlich zugenommen hat; in der gelebten Wirklichkeit aber (oft) nicht einmal die Gesetze eingehalten werden. Im Rahmen dieses Spannungsverhältnisses gilt es sich auszurichten. Die eigene anspruchsvolle Ausrichtung wird jedoch durch das (Fehl-)Verhalten der Wettbewerber gefährdet, da ein gewisser Übertragungseffekt als Sippenhaft nicht (gänzlich) auszuschließen ist (Mussler, 2022).

3.1.4 Einfluss der Verbraucherschützer

Vor dem Hintergrund der zum Teil (massiven) Rechtsverstöße und Kundenbenachteiligungen durch Banken ist es kaum verwunderlich, dass auch die Verbraucherschützer die Banken in den Fokus nahmen und nehmen. So nachvollziehbar die Motivation und die Intention sind, kommen diese Vorstöße stellenweise doch zu bizarren Ergebnissen. Banken ist es heute aus Gründen des Verbraucherschutzes nicht mehr erlaubt, an Personen über 60 Jahre immobiliar gesicherte Kredite zu vergeben, soweit deren restlose Tilgung nicht gewährleistet werden kann. Um es deutlich zu machen: Ein Hauseigentümer der im Alter von über 60 Jahren seine Wohnimmobilie – die komplett bezahlt ist und eine erstklassige Bankensicherheit darstellt – sanieren möchte, bekommt von einer Bank keinen Kredit mehr (Verbraucherzentrale, 2017). Pragmatische Hilfslösungen sind naheliegend, indem eine weitere, jüngere Person, beispielsweise ein Kind des Hauseigentümers, als (Mit-) Kreditnehmer fungiert.

Eine andere Umgehung besteht im Verkauf der halben Immobilie an ein darauf spezialisiertes Unternehmen. Rein ökonomisch ist dieses Konstrukt, welches durch den Verkauf Grunderwerbsteuer und andere Transaktionskosten verursacht, eine für den (privaten) Kreditnehmer teure Variante. Der Finanzierungsspezialist refinanziert sich über ein klassisch grundpfandrechtlich gesichertes Bankdarlehen. Ohne sich in Details zu verlieren, ist es selbsterklärend, dass die „Umwegfinanzierung" für den Endkunden unattraktiver sein muss, wie die Abb. 3.1 visualisiert (Dräbing, 2022; Sebastian et al., 2022).

Systembedingt ist schon allein der Darlehensbetrag im Vergleich zum (halben) Beleihungsobjekt wesentlich höher, sodass die Darlehenssumme die Realkreditgrenze tendenziell eher überschreitet (Ostendorf, 2014; Grill et al., 2022). Hinzu kommt der Margenanspruch des Zwischenfinanzierers sowie die bei ihm anfallenden Kosten des Grunderwerbs, die ebenfalls durch den originären Kreditnehmer zu tragen sind. In Summe zahlt der (ältere) Kunde aus Gründen des Verbraucherschutzes einen deutlich höheren Preis für eine Umwegfinanzierung, die mit einem klassischen Bankprodukt ebenfalls darstellbar und zudem kostengünstiger ist. Stellenweise scheint es so, als wenn sich der Verbraucherschutz verselbstständigt hat und es nicht mehr um den Schutz des Endkunden, sondern gegen die Interessen von Bank und Kunden geht. Der Kunde hat ein Finanzierungsbedürfnis, welches durch ein klassisches Bankprodukt abgedeckt werden kann, welches aber nicht mehr rechtskonform ist. Da das Bedürfnis vieler Kunden nach wie vor besteht, hat sich ein anderes und für den Verbraucher teureres Geschäftsmodell etabliert, welches von den Verbraucherschützern erst im Sommer 2020 hinterfragt wurde (Verbraucherzentrale, 2022b). Und das obwohl neben den benannten Kostennachteilen – je nach Vertragsausgestaltung – auch noch die Vereinnahmung der Wertsteigerungen der halben Immobilie für den Zwischenfinanzierer vorgesehen ist (Dräbing, 2022; Sebastian et al., 2022). Soweit es den Banken nicht gelingt, diese Zwischenfinanzierer als Kunden zu akquirieren, verlieren sie zudem ein sicheres Geschäft.

3.1.5 Weitere operative Erschwernisse

Das BGH-Urteil vom 27. April 2021 (AZ: XI ZR 26-20) hat den Banken ebenfalls einen höheren administrativen Aufwand aufgegeben, indem die bisher praktizierten AGB-Klauseln als unwirksam erklärt wurden. Diese sahen vor, dass der Kunde einer Änderung in einer gegebenen Frist widersprechen musste; tat er dies nicht, galt die neue Regelung als akzeptiert. Aufgrund des o. g. Urteils ist nun jedes Kreditinstitut verpflichtet, sich das Einverständnis explizit vom Kunden einzuholen (Bundesgerichtshof, 2021). Hiermit sind letztendlich zwei Konsequenzen verbunden: die kontoführenden Banken müssen ein extremes Rad an Administration bewegen, um alle Kunden auch tatsächlich zu erreichen und deren Einverständnis habhaft zu werden. Gleichzeitig steigt die Informationsflut, mit wel-

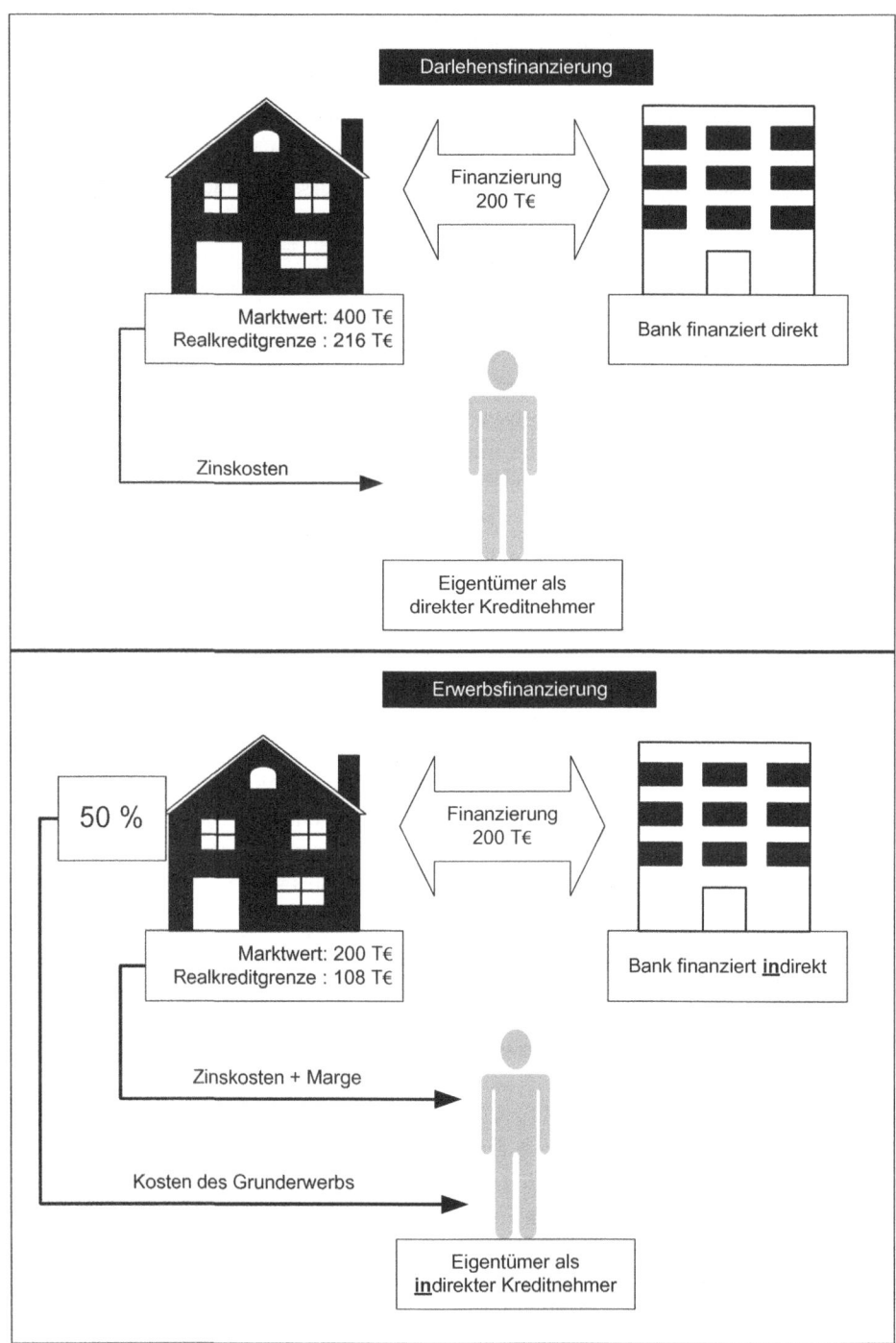

Abb. 3.1 Systematischer Vergleich direkte zu indirekte Immobilienfinanzierung

cher der Kunde konfrontiert wird, und auch sein administrativer Aufwand. Ob diese Anpassung dem Kunden dient und zu einer höheren Transparenz der Rechtsanpassung führt, ist abzuwarten (LTO, 2022).

Viele Crowdfunding-Plattformen sind gezielt so ausgestaltet, dass sie keine Erlaubnis der BaFin benötigen und in Folge auch nicht von ihr beaufsichtigt werden. Diese Dienstleister sind daher dem grauen Kapitalmarkt zuzurechnen, der durch fehlende staatliche Regulierung gekennzeichnet ist. Auch hier entstehen Kostennachteile für die etablierten Player. Zudem haben Banken im Bereich der Geldwäsche strengere Auflagen als andere Unternehmen zu erfüllen, wie beispielsweise Edelmetallhändler. Ähnlich verhält es sich bei Online Bezahldiensten und Trading-Plattformen, die ebenfalls keine/abgeschwächte bankenaufsichtliche Regelungen einzuhalten haben (Hirt & Kröner, 2019). Auch diese höheren Kosten müssen geschultert und somit in die Konditionen eingepreist werden.

Die zunehmende Digitalisierung erfordert zusätzliche Investitionen und impliziert damit Abschreibungen der Folgeperioden. Gleichzeitig gefährdet sie bestehende Investitionen in vorhandene Bankinfrastruktur (= Filialen). Die Tendenz zum Onlinebanking verstärkte sich durch die Coronapandemie mit den staatlich verordneten Restriktionen (Wunsch-Weber & Zdrzalek, 2022).

Aufgrund der hohen Inflation sehen sowohl Sparkassen als auch die Genossenschaftsbanken die Sparfähigkeit großer Bevölkerungskreise in Deutschland als gefährdet an. Die politische Forderung der Grünen die Kontokorrentzinsen, die durchschnittlich aktuell bei 10 % liegen (sollen), gesetzlich zu regeln. (o.V., 2022) ist angesichts der Diskrepanz zum aktuellen Zinsniveau (Ende 2022) nachvollziehbar. Auf der anderen Seite sind auch die Kreditinstitute – wie hier bereits ausgeführt – momentan in einem ökonomisch schwierigen Umfeld unterwegs. Letztendlich müssen sich Politiker auch im Klaren sein, dass Banken Ertragsquellen benötigen, um die an sie gestellten gesetzlichen und regulatorischen Anforderungen zu finanzieren.

3.2   Geeignete Wettbewerbsstrategien für das aktuelle Umfeld

Hier stellt sich die Frage nach dem Leistungsprofil, welches der jeweilige Kunde von seiner Bank oder Sparkasse erwartet. Dies ist insofern bedeutsam, da ein Auseinanderfallen von dem durch den Kunden wahrgenommenen Leistungsversprechen und der tatsächlich erbrachten Leistung durch das Kreditinstitut, Verdrossenheit produziert (Stauss & Seidel, 2014).

3.2.1   Ansatz von Porter als Ausgangslage

Ausgangspunkt der Betrachtung bilden die generischen Strategien von Porter, die einen hohen Einfluss auf die Diskussion der wettbewerblichen Positionierung ausüben. Nach Porters Vorstellung muss sich ein Unternehmen entscheiden, ob es

- auf dem Gesamtmarkt oder einem Segment (= Nische) agiert und ob es
- seinen Kunden einen günstigen Preis – in Verbindung mit dem Grundnutzen – oder einen Mehrwert – in Kombination mit einem erhöhten Preis anbieten will.
- Basis für den günstigen Preis sind geringe Kosten, die u. a. auf Erfahrungskurvengewinnen beruhen. Die entsprechende Strategie heißt: Kostenführer.
- Zur Schaffung eines Mehrwertes gibt es diverse Ansatzpunkte, wie Qualität, Service etc. Wichtig ist, dass aus der Wahrnehmung des Kunden der generierte Zusatznutzen auch zu einer höheren Zahlungsbereitschaft führt. Dieser Strategietyp wird Differenzierer genannt (Porter, 2013, 2014).

In der nachfolgenden Abb. 3.2 findet sich der Gesamtzusammenhang, indem die beiden Dimensionen Preis und Produktnutzen abgetragen sind.

Die Abkürzungen stehen für den Namen des Strategietypen: so symbolisiert *K* den Kostenführer und *D* den Differenzierer. Das Unternehmen, welches die Position *D* einnimmt, bietet den maximalen Zusatznutzen in Kombination mit dem höchsten Preis. In der Bankenwelt dürfte die Privatbank mit maximal individualisiertem Service und entsprechender Beratungsleistung hier angesiedelt sein (NTV, 2022). Die Position *K* steht für die entgegengesetzte Kombination aus Preis und Produktnutzen. Die Internetbank mit minimalsten Gebühren und genauso ausgeprägtem Service- wie Beratungsangebot. Allen

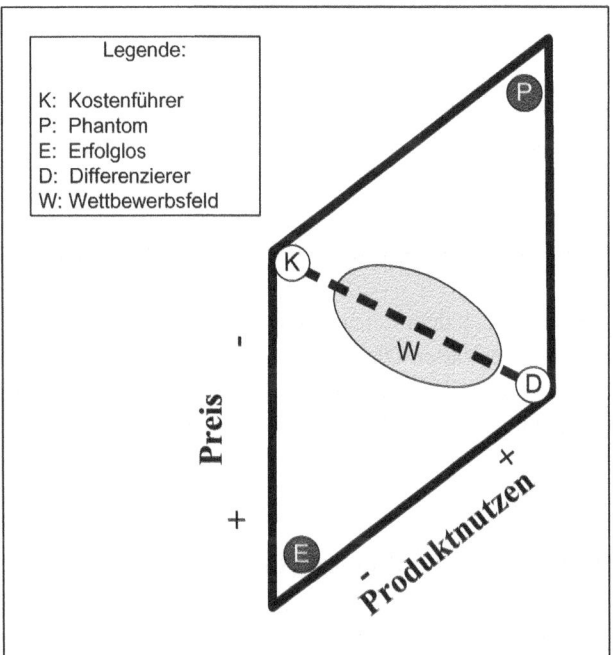

Abb. 3.2   Visualisierung der Porter'schen Positionierungsmöglichkeiten

anderen Ausrichtungen attestiert Porter keine erfolgreiche Positionierung im Wettbewerb, was auch an dem generischen Anspruch seiner Strategien deutlich wird (Raabe, 2008; Porter, 2013, 2014).

In Abb. 3.2 sind die Punkte K und D durch eine gestrichelte Linie verbunden: diese stellt die Positionierungsgerade in Abhängigkeit von der Kombination aus Preis und Nutzen dar. So kann es selbstredend immer nur einen (absoluten) Kostenführer geben. Ein Unternehmen, welches einen etwas höheren Preis mit einem leicht höheren Nutzen verbindet, realisiert zweifellos nicht die Extremposition, dürfte aber dennoch als Kostenführer zu klassifizieren sein. Die Internetbank mit (leicht) gesteigertem Service mag vielleicht sogar erfolgreicher sein, als wenn das Angebot zu karg ausgestaltet ist. Bei einer Übertreibung der Kostenfokussierung besteht die Gefahr, den erforderlichen Mindeststandard zu verfehlen. Analog besteht die Gefahr auch für den Differenzierer in dem Moment, wenn er die Zahlungsbereitschaft seiner (potenziellen) Kunden überfordert. In der Wahrnehmung der Verfasser waren viele Banken traditionell in dem Feld W (Wettbewerb) entlang der Wettbewerbsgeraden positioniert. Eine Vereinigung von hohem Preis und geringem Produktnutzen – in Abb. 3.2 durch E (=Erfolglos) symbolisiert – hat im Wettbewerb keinen wirklichen Charme und bedarf somit keiner weiteren Betrachtung als erstrebenswerte Positionierung. Anders sieht es mit dem gegenüberliegenden Punkt aus, der in der Porter'schen Lesart unerreichbar ist und somit als P (Phantom) in Abb. 3.2. bezeichnet ist (Porter, 2013, 2014; Ostendorf et al., 2021).

3.2.2 Hybride Strategien

Diese Einschätzung, dass ein geringer Preis in Kombination mit einem hohen Nutzen unvereinbar und damit utopisch ist sowie der generische Anspruch haben diversen Widerspruch provoziert, der auch zur Entwicklung neuer Ansätze führte (Fleck, 1995; Mays, 2018).

Eine Form ist der multilokale Ansatz, der die beiden Porter'schen Strategietypen in Reinkultur verwendet. In Abhängigkeit von der räumlichen Gegebenheit sind jedoch beide Ausprägungen im Einsatz, wie Abb. 3.3 verdeutlicht (schon früh: Perlmutter, 1969; Meffert, 1986).

Ein regional ausgerichtetes Kreditinstitut – beispielsweise eine Genossenschaftsbank oder eine Sparkasse – agiert in ihrem eigenen Geschäftsgebiet als Differenzierer (D) indem sie einen hohen Standard hinsichtlich Beratungsqualität und Service offeriert. Außerhalb ihres traditionellen Geschäftsgebiets agiert sie – im Rahmen ihrer rechtlichen Möglichkeiten – als kostenorientiertes Institut (K), indem sie dort auf Filialen verzichtet und wie eine Internetbank agiert. Hierbei ist der Bezug zu NRW sowie die räumliche Positionierung des Differenzierers nur beispielhaft zu sehen und stellt somit kein Abbild realer Wettbewerbsverhältnisse dar, obwohl dieses Vorgehen durchaus in der Praxis vorkommen wird. Dieser Ansatz hat einen gewissen Charme; so wird das originäre Geschäftsfeld mit der bisherigen Strategie bearbeitet und die anderen Kunden bekommen ein Light-Produkt,

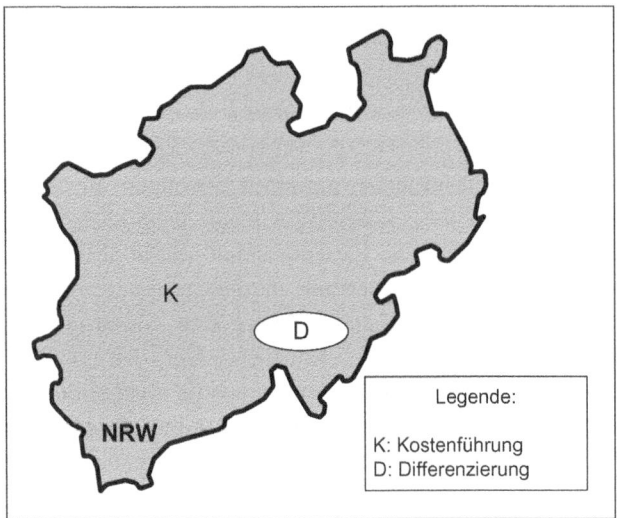

Abb. 3.3 Beispielhafte multilokale Positionierung

welches aber dem Kreditinstitut hilft, Größenvorteile bei der Nutzung des Kundeservice-
centers, der Marktfolge etc. zu realisieren.

Sequenziell hybride Strategien sind solche, die u. a. auf Gilbert und Strebel sowie Pine
zurück gehen und dadurch gekennzeichnet sind, dass die beiden Vorteilsdimensionen
Preis und Produktnutzen nacheinander fokussiert werden. Wenn der Kostenführer (*K*) in
Abb. 3.1 (temporär) keine weiteren (signifikanten) Kostensenkungspotenziale erschließen
kann, besteht die Möglichkeit den Produktmehrwert zu steigern. Gelingt es dabei das
Kostenniveau gering zu halten, erfolgt eine parallele Entwicklung in Richtung Phantom
(*P*) (Gilbert & Strebel, 1987; Kleinaltenkamp, 1987; Pine, 1994). Wieweit diese Ent-
wicklung fortführbar ist, hängt vermutlich vom Einzelfall ab. Eine klassische Internetbank
kann sicherlich ihr Leistungsspektrum verbessern, wird jedoch an Grenzen gelangen.

Sinngemäß der gleiche Ansatz lässt sich auch aus der Perspektive des Differenzierers
verfolgen, indem bei gegebenem (hohen) Nutzenniveau Kostenverbesserungen realisiert
werden. Der Differenzierer (*D*) steigt senkrecht in Richtung des Phantoms auf. Auch hier
muss der Realisierungsgrad – insbesondere im Dienstleistungsbereich – offenbleiben. Die
Strukturen einer mit Filialen ausgestatteten, vermögensverwaltenden Privatbank verhindern das Kopieren der Kostenstrukturen, die einer Internetbank zu eigen sind. Einen
Überblick vermittelt Abb. 3.4.

In der Abbildung wird deutlich, dass sich neben den Unternehmen, die Extrem-
positionen einnehmen, auch die Unternehmen aus dem Wettbewerbsfeld (*W*) in Richtung
Phantom bewegen können, die Kostenreduzierungen und/oder Nutzensteigerungen
realisieren.

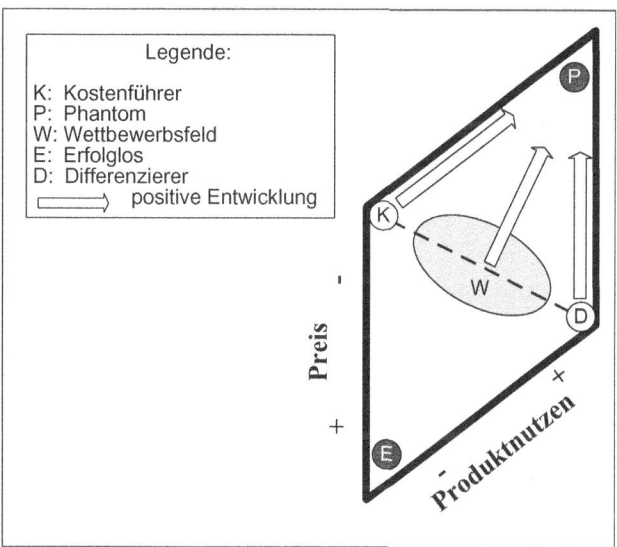

Abb. 3.4 Sequenziell hybride Entwicklung

Für den industriellen Bereich entstanden die sogenannten simultan hybriden Strategien, die darauf abzielen, mittels intelligenter Fertigung eine höhere Flexibilität als bis dahin üblich, zu realisieren. Hiermit sollten sowohl geringe Kosten als auch ein hoher originärer Produktnutzen erzeugt werden (Kaluza, 1989; Corsten & Will, 1994). Dieser Spagat zwischen den beiden Dimensionen Preis und Produktnutzen ist für den Bankensektor schwierig realisierbar, da das Filialnetz ein wesentlicher Kostentreiber ist (Wunsch-Weber & Zdrzalek, 2022).

Gleicht man diese theoretischen Möglichkeiten mit der Realität ab, so stellt man fest, dass die Banken unter erheblichem ökonomischem Druck standen und stehen. Um trotzdem noch erfolgreich zu sein, kam und kommt es teilweise zu Anpassungen. Einige dieser Maßnahmen sind:

- Einführung von Negativzinsen für Groß- und auch Privatkunden bei Überschreitung gewisser Schwellenwerte (Verbraucherzentrale, 2022a). Um hier kein Missverständnis zu erzeugen: diese Maßnahme ist aus Sicht des Kreditinstituts ökonomisch richtig. Zu den Grundlagen der BWL gehört es, dass ein Angebot, welches nicht einmal die variablen Kosten deckt, nicht ausgeweitet werden soll (Olfert, 2018; Haberstock, 2022). Aus Sicht des Kunden, der neben den Strafzinsen auch noch die Geldentwertung hinzunehmen hatte, ist diese Konditionsgestaltung eine Zumutung (Verbraucherzentrale, 2022a). Einige Akteure haben sich hier geschickter aufgestellt und mit dem Kunden nach interessenwahrenden Lösungen gesucht, indem trotz Niedrigzinsphase rentable Anlagemöglichkeiten offeriert wurden (Wunsch-Weber & Zdrzalek, 2022). In wieweit solche Lösungen pauschal geeignet sind, ist eine weiterführende Fragestellung.

- Das Thema Filialschließung sorgt auch immer wieder für Diskussionen. Auf der einen Seite ist ihr Unterhalt teuer und auf der anderen Seite hat sich die Tendenz zum Online-Banking verstärkt. Welcher Faktor hier „Huhn" bzw. „Ei" ist, kann sicherlich diskutiert werden. In Krisenzeiten ist der Kostenschnitt oft ein Mittel der Wahl und das führt(e) zu diversen Filialschließungen. Gleichzeitig geht mit den Filialschließungen aber auch der Verlust eines Abgrenzungsmerkmals verloren. Ob der Kunde dieses Merkmal wahrnimmt und vor allem dafür auch bereit ist, einen höheren Preis zu zahlen, hängt vermutlich vom Einzelfall ab. Einen anderen Weg beschreiten die Volksbank Frankfurt am Main und die Sparkasse, indem sie die gleichen Filialen an unterschiedlichen Tagen mit individuellen Beleuchtungen und Besetzungen nutzen (Wunsch-Weber & Zdrzalek, 2022)
- Aus der eigenen Erfahrung der Autoren ist bekannt, dass zu Beginn des Jahrhunderts für das Telefonbanking der Anspruch 80 ⇔ 20 galt: Dies bedeutet, dass 80 % der eingehenden Anrufe in 20 Sekunden anzunehmen sind. Ambitionierte Banken zielten gar auf die 90 ⇔ 10 Regel ab (Callcenter Boerse GMBH, o. J.). In der aktuellen Gegenwart sind Wartezeiten von länger als 10 min keine Seltenheit und werden mit dem Hinweis gerechtfertigt, dass man bei der Hotline der Handyanbieter auch mehr als 60 min warten müsse.
- Zur Prozesskostensenkung wurde massiv auf Besicherungen verzichtet; selbst Kunden klassifizierten die Kreditvergabe der Banken als großzügig (Ostendorf et al., 2018).
- In einigen Kontoführungsmodellen sind die kostenfreien monatlichen Barabhebungen begrenzt (Atzler, 2019). Diese Maßnahme nutzen Supermärkte, um bei Kartenzahlungen die Möglichkeit der Bargeldmitnahme (in begrenzten Beträgen) mit anzubieten (Leistikow, 2020). Hier haben einige Banken Teile der Wertkette und des Kundenkontaktes aus der Hand gegeben und die gesamte Branche muss sich nun mit der veränderten Konkurrenz auseinandersetzen.
- Die Gebührensätze für bestätigte LZB-Schecks, die u. a. für die Teilnahme an öffentlichen Versteigerungen dienen, betragen zum Teil 45,- €; und das obwohl dem Kunden der Gegenwert vor der Ausstellung vom Konto belastet wird und er den nicht benötigten Scheck über den normalen (gebührenpflichtigen) Einreichungsprozess wieder liquidieren muss (Ostendorf, 2014; Grill et al., 2022; Sparkasse Fürth, 2022).

Fasst man die Tendenz dieser Entwicklung zusammen, so haben einige Kreditinstitute ihre bisherige Positionierung aufgegeben und sich in Richtung „Erfolglos" entwickelt. Diese Tendenz zeigt die Abb. 3.5.

Mit der skizzierten Entwicklung – wenn sie denn zutrifft – ist keine Kritik an den handelnden Personen verbunden. Die Verfasser sind sich darüber im Klaren, dass die Umfeldbedingungen ausgesprochen schwierig waren und sind. Zudem hat die Erzielung eines angemessenen Betriebsergebnisses auf der operativen Ebene oft die erste Priorität.

Abb. 3.5 Erosion der Wettbewerbsposition im Zeitverlauf

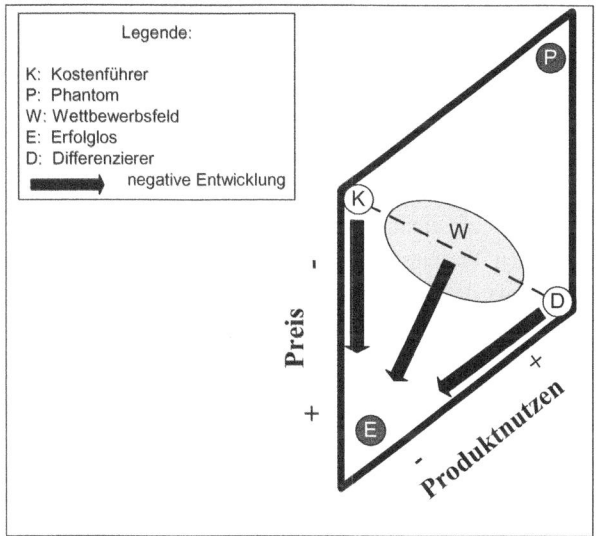

3.2.3 Erweiterte Betrachtung

Ein weiterer Strang der Strategieentwicklung ist die Einbeziehung der Ökologie. Viele dieser Ansätze stammen aus den 1990er- und 2000er-Jahren. Stellenweise wurde die Ökologie als dritte Dimension in die Wettbewerbsbetrachtung einbezogen, da sie sich fundamental vom originären Produktnutzen unterscheidet: der Erwerber eines ökologischen bzw. ökologischeren Produkts hat kein individualisiertes Nutzungsrecht. Mit anderen Worten: er kann die anderen Konsumenten nicht von dem durch ihn geschaffenen Vorteil ausschließen (Hummel, 1997; Ostendorf, 2000; Mays, 2018).

Da die Ansatzpunkte für (bedeutsame) ökologische Verbesserungen im Leistungserstellungsprozess der Banken weniger stark ausgeprägt sind als in Produktions- oder Logistikunternehmen, war die Relevanz dieser Strategien für den Bankensektor übersichtlich (Ostendorf, 2000). Statt den eigenen Geschäftsbetrieb ökologisch zu gestalten, haben Banken – durch ökologische Anforderungen bei der Kreditvergabe mittelbar über ihre Kunden – einen wesentlich größeren Hebel zur Verfügung.

Die Bankenaufsicht geht inzwischen soweit, dass sie die Berücksichtigung der Nachhaltigkeit und insbesondere die Klimarisiken in die Risikotragfähigkeit integriert wissen will. Hierzu hat die EBA 2020 Leitlinien publiziert, welche die prinzipielle Berücksichtigung von ESG-Risiken verlangen (EBA, 2020).

Inzwischen gibt es einige sogenannte Ökobanken, die Ethik und Ökologie als Kreditvergabekriterien verwenden und auch ihre Produktionsprozesse entsprechend ausrichten (GLS, o. J.; Utopia, o. J.). Traditionell ausgerichtete Banken müssen sich zwischenzeitlich ebenfalls durch die Finanzierung ökologisch ausgerichteter Kredite engagieren. (Potenzielle) Sparer haben bei diesen Wettbewerbern jedoch keine Gewissheit, was mit ihren Einlagen wirklich finanziert wird.

Dies hat die EU auf den Plan gerufen: Unter dem Label des Verbraucherschutzes wurde die VO (EU) 2021/1253 eingefügt, welche ab dem 02.08.2022 rechtswirksam ist und im Rahmen der Beratung die Abfrage der Nachhaltigkeitspräferenzen einfordert (EU, 2021). Hiermit ist ein elementarer Eingriff in den Beratungsprozess verbunden, der mit einer freiheitlichen Weltanschauung nur schwer in Einklang zu bringen ist (Eisenring, 2022). Zudem ist der Begriff der Nachhaltigkeit sehr schillernd. So ist die Zugehörigkeit zur Atombranche für die Notierung im DAX® 50 SEG – dem nachhaltigen Mitglied der DAX®-Familie – Stand Juli 2022 (noch) ein Ausschlusskriterium (Börse Frankfurt, 2022; Deutsche Börse, o. J.). In der Entscheidung des EU-Parlaments wurden aber am 06.07.2022 auch Investitionen in Erdgas und Atomenergie als nachhaltig klassifiziert. Hiergegen gibt es massiven Widerstand. So will Greenpeace gegen die Eingruppierung klagen, da sie nicht rechtskonform sei und die Verbraucher in die Irre führen würde (Greenpeace, 2022). Weitere Vorgaben sind seitens der EU in Vorbereitung: So sollen künftig Anforderungen sowohl im Hinblick auf soziale Fragestellungen als auch auf Unternehmensführung definiert werden. Das hiermit die nächste bürokratische Hydra erzeugt wird, bleibt zu befürchten (Eisenring, 2022). Zu einer noch drastischeren Einschätzung kommt Elon Musk auf Twitter, wie Capital zu berichten weiß (Laube, 2022).

▶   **Important** Welche Konsequenzen leiten sich daraus nun für die Banken ab? Die Anforderungen an Ökologie, sozialen Anspruch und die Unternehmensführung lassen sich zum gesellschaftlichen Anspruch subsumieren. Hierbei versteht es sich von selbst, dass die Einhaltung von Gesetzen den relativen Nullpunkt darstellt. Die Ausführungen zu Beginn des Kapitels haben jedoch verdeutlicht, dass sich Unternehmen auch unter diesem Level ausrichten (können), wenn der (vermeintliche) ökonomische Anreiz groß genug ist. Für die unternehmerische Ausrichtung folgt daraus, dass die bereits vorgestellte Grafik zur Unternehmensausrichtung, um eine Dimension zu erweitern ist, wie Abb. 3.6 verdeutlicht.

Der Quadrant aus *K*, *D*, *P* und *E* der bisherigen Darstellung ist an einer weiteren Dimension, der des gesellschaftlichen Anspruchs, auszurichten. In der Abbildung wird deutlich, dass einer der beiden visualisierten Quadranten den relativen Nullpunkt der reinen Gesetzeseinhaltung umsetzt, jedoch nicht darüberhinausgeht. Der zweite Quadrant des klassischen Wettbewerbsumfelds realisiert einen höheren gesellschaftlichen Nutzen, auch wenn seine Akteure noch nicht das Maximum erreichen. Das einzelne Kreditinstitut muss für sich – ggf. in Abhängigkeit von seiner Gruppenzugehörigkeit und der damit verbundenen potenziellen Sippenhaft in der öffentlichen Wahrnehmung – seine Positionierung auch in der Dimension des gesellschaftlichen Anspruchsniveaus finden. Der gestrichelte Kreis um das gesamte Positionierungsfeld stellt den aktuellen Status Quo an Ansprüchen der Gesellschaft sowie des Wissens dar und ist als t_0 gekennzeichnet.

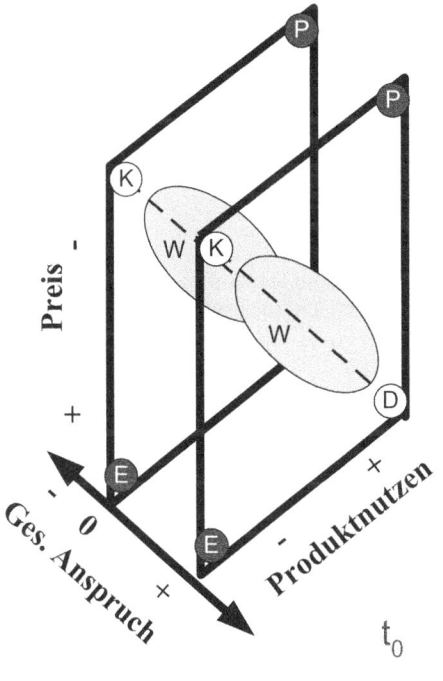

Legende:
K: Kostenführer
P: Phantom
W: Wettbewerbsfeld
E: Erfolglos
D: Differenzierer
t_0: Aktueller Betrachtungszeitpunkt

Abb. 3.6   Dreidimensionales Wettbewerbsfeld

Verbesserungsmöglichkeiten sind nun in Richtung der drei Dimensionen möglich, wie Abb. 3.7 darstellt.

So kann eine Verbesserung der Kostensituation, der wahrgenommenen Qualität sowie die Erfüllung des gesellschaftlichen Anspruchsniveaus erfolgen. Dies verdeutlichen die Pfeile der Abbildung. Die graue Fläche deutet an, dass jeder beliebige Punkt in dem dreidimensionalen Koordinatensystem realisierbar ist, soweit er auf der Fläche oder im Raum darunterliegt. Für solche Verbesserungen ist RPA prädestiniert, wie die Aus- führungen im Kap. 2 bereits gezeigt haben. Wenn Personalkosten durch wesentlich ge- ringere Sachkosten substituiert werden, können die Gesamtkosten des Prozesses sinken. Gleichzeitig führt eine kleinere Fehlerquote zu einem Qualitätszuwachs aus Kunden- sicht. Soweit die freigewordenen Mitarbeiterkapazitäten anspruchsvollere Aufgaben übernehmen, stärkt diese Maßnahme das soziale Profil der Bank. Gleichzeitig führt ein zuverlässigerer Prozess zu einer höheren Rechtssicherheit im Hinblick auf die Erfüllung der Anforderungen der Aufsicht (Kap. 4). Strategisch lässt sich hiermit der Prozess des Outsourcings stoppen und ggf. sogar umkehren, indem der Wertschöpfungsbeitrag des Kreditinstituts (wieder) steigt.

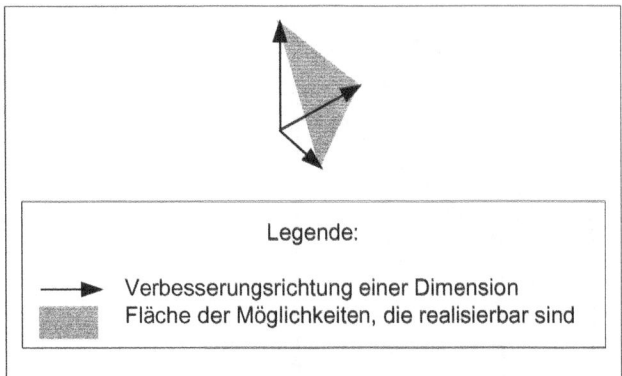

Abb. 3.7 Verbesserungsmöglichkeiten im dreidimensionalen Raum

Beispiele für solche Prozesse sind:

- Die mit RPA automatisierte Anlage neuer Konten, die vorher online beantragt wurden und bei denen eine Online-Legitimation des Kunden erfolgt ist
- Die schnellere Bearbeitung unstrukturierter Kundenanfragen – unter Zuhilfenahme von RPA und einer KI-Komponente

Ob das Management der einzelnen Institute diese Chancen ergreift oder auch diese Ansatzpunkte für weiteres Outsourcing nutzt, bleibt abzuwarten.

▶   **Important** Der besondere Charme von RPA ist, dass sie auf jedem strategischen Positionierungslevel einen Mehrwert leisten kann. Hiermit kann sich ein Unternehmen aus dem Bereich *Erfolglos*, ein (reiner) *Kostenführer* sowie ein (reiner) *Differenzierer* genauso weiter profilieren, wie Unternehmen, die im *Wettbewerbsfeld* positioniert sind.

So steht ein adäquates Werkzeug zur Verfügung, um der aktuellen Dynamik zu begegnen. War die Dynamik der 1990er-Jahre noch durch neue Wettbewerber und Produkte gekennzeichnet (Kaluza, 1996; Mays, 2018), gilt es heute, mit Strukturbrüchen sachgerecht umzugehen. Neben dem Ukrainekrieg und der Coronapandemie, deren Auswirkungen bereits Themen waren, ist mit der EU ein Gesetzgeber am Werk, der stellenweise sehr bürokratische Auflagen formuliert. Zudem ist die Gegenwart durch eine – in ihrer Geschwindigkeit – bisher unbekannte Wissensvermehrung gekennzeichnet (o.V., 2019), sodass Unternehmen stets flexibel agieren müssen, um sich dem veränderten Umfeld aus Wissen und Ansprüchen anzupassen. Den Transformationsprozess aus der Gegenwart t_0 hin zu einem künftigen Zeitpunkt t_n visualisiert die Abb. 3.8. Ausgangspunkt ist die Unternehmenspositionierung in der Gegenwart vor dem Hintergrund der aktuellen Rahmenbedingungen im Wettbewerbsquadranten aus Kosten und Differenzierung. Im Sta-

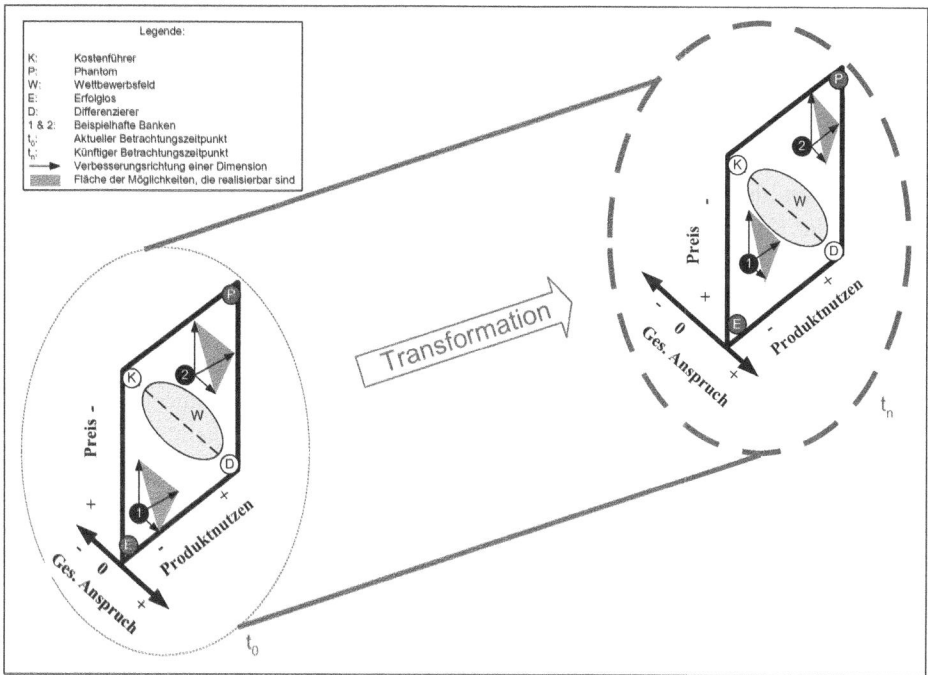

Abb. 3.8 Transformationsprozess von t_0 nach t_n

tus Quo sind die betrachteten Player im Hinblick auf die dritte Dimension leicht ambitio-
nierter als der gesetzliche Standard. Dies wird an der Positionierung des Quadranten jen-
seits des Nullpunkts des gesellschaftlichen Anspruchsniveaus deutlich. Unternehmen 1
hat eine wenig attraktive Wettbewerbsposition inne und tendiert mehr zum Punkt Erfolglos. Unternehmen 2 ist deutlich besser aufgestellt und bietet einen (hohen) Mehrwert. zu
vergleichsweise geringen Kosten. Beide verbessern ihre Position mit Hilfe von RPA, wo-
durch eine Transformation zum Zeitpunkt t_n stattfindet.

Im Zeitpunkt t_n haben sich die Rahmenbedingungen verändert und die betrachteten
Unternehmen sind nun in einem Quadranten unterwegs, der einen wesentlich höheren gesellschaftlichen Nutzen generiert als zum Ausgangszeitpunkt. Gleichzeitig konnten sich
beide Unternehmen auch im Spanungsfeld aus Kosten und Zusatznutzen besser positionieren, sodass sie trotz anspruchsvollerer Umfeldbedingungen eine deutliche Verbesserung
ihrer Wettbewerbsposition verzeichnen können.

3.3   Zusammenfassung

Ziel des Kapitels war es, den aktuellen Rahmen zu verdeutlichen, in dem sich Kreditinstitute positionieren müssen. Im Ergebnis bleibt festzuhalten, dass die Branche mehr
und mehr unter Druck geriet bzw. gerät und Anforderungen umsetzen muss, die von anderen

Playern initiiert wurden. Diese Verträge zu Lasten Dritter haben den ökonomischen Erfolg der Banken gefährdet und tun dies noch immer. (Auch) aus dieser Not heraus gab es Anpassungen in der Branche, die selten zu Gunsten des Kunden ausfielen. Ob die vereinzelt angewendeten Maßnahmen pauschal tauglich sind, kann nicht beurteilt werden.

In Summe hat sich die Wettbewerbssituation vieler Branchenteilnehmer signifikant verschlechtert, da das Profil, für welches sie stehen, erodiert(e). So nahm bereits 2019 jeder zweite Kunde seine Bank oder Sparkasse als beliebig wahr (Leichsering, 2019). Auch wenn vom RPA-Einsatz kein neuer Trend zur Individualisierung des Bankgeschäfts zu erwarten ist, kann die Technologie einen Beitrag zur Schärfung des Profils und damit der Positionierung zu leisten.

Die aufgezeigten Entwicklungen wurden mit gängigen Wettbewerbsstrategien abgeglichen und deren Konsequenzen ermittelt. Inhaltlich zeigte sich, dass momentan eine dreidimensionale Ausrichtung im Wettbewerb erfolgversprechend erscheint. Dieser Ansatz wurde visualisiert und eine Transformationsmöglichkeit von der Gegenwart in die Zukunft aufgezeigt.

- Die Wettbewerbssituation für Banken verschärft sich; viele frühere Wettbewerbsvorteile etablierter Banken sind nicht mehr (in selbem Maße wie vor einigen Jahren) vorhanden
- Hieraus entsteht Druck, Veränderungen in der strategischen Positionierung zu prüfen und ggf. vorzunehmen
- Mögliche Vorgehensweisen lassen sich mithilfe des bekannten Porter'schen Modells der Wettbewerbsstrategien untersuchen und diskutieren
- RPA bietet die Möglichkeit, Prozesse zu verschlanken, Kosten zu reduzieren und ggf. neue Produkte zügig an den Markt zu bringen
- Hierdurch kann RPA Wettbewerbsvorteile schaffen und damit einen Beitrag zur strategischen (Re-) Positionierung der Institute leisten

Literatur

Atzler, E. (2019). *Immer mehr Banken verlangen Geld für Barabhebungen.* https://www.handelsblatt.com/finanzen/banken-versicherungen/banken/bankgebuehren-immer-mehr-banken-verlangen-geld-fuer-barabhebungen/25274156.html. Zugegrifffen am 16.08.2022.

BaFin. (2021). Aufsichtliche Beurteilung interner Risikotragfähigkeitsverfahren, GZ: BA 54-FR 2210-2021/0007.

Barlage, B. (2022). *Zinsentwicklungen und Expertenmeinungen: Hier finden Sie wichtige Infos & aktuelle Bauzinsen.* https://www.interhyp.de/ratgeber/was-muss-ich-wissen/zinsen/zins-charts/. Zugegrifffen am 03.09.2022.

Beise, M. (2019). *Bankenfusion – Es ist eine Schande, was Scholz da macht.* https://www.sueddeutsche.de/wirtschaft/scholz-deutsche-bank-commerzbank-fusion-1.4374177. Zugegrifffen am 03.09.2022.

Berger, D. (2022). *„Greenwashing-Affäre". Grüne Täuschung bei der DWS-Gruppe?* https://www.zdf.de/nachrichten/wirtschaft/greenwashing-deutsche-bank-woehrmann-100.html. Zugegrifffen am 04.09.2022.

Börse Frankfurt. (2022). *Nachhaltig investieren.* https://www.boerse-frankfurt.de/nachhaltigkeit. Zugegrifffen am 07.07.2022.

Buhse, M. (2015). *Die Schwachstellen in Draghis Milliardenplan.* https://www.zeit.de/wirtschaft/2015-03/kauf-staatsanleihen-europaeische-zentralbank. Zugegrifffen am 05.07.2022.

Bundesgerichtshof. (2021). Urteil AZ XI ZR 26-20 vom 27. April 2021.

Bundesministerium für Ernährung und Landwirtschaft – Gutachten des Wissenschaftlichen Beirats für Agrarpolitik beim Bundesministerium für Ernährung und Landwirtschaft. (2015). *Wege zu einer gesellschaftlich akzeptierten Nutztierhaltung.* https://www.bmel.de/SharedDocs/Downloads/DE/_Ministerium/Beiraete/agrarpolitik/GutachtenNutztierhaltung.pdf?__blob=publicationFile&v=2. Zugegrifffen am 03.09.2022.

Bundesverband der Deutschen Volksbanken und Raiffeisenbanken. (2021). *Vorschlag zu Basel III mit Licht und Schatten.*

Bundesverband der Deutschen Volksbanken und Raiffeisenbanken. (2022). *BVR kritisiert den Berichtsentwurf zur Umsetzung von Basel III: Gegebenheiten des europäischen Bankenmarktes werden zu wenig berücksichtigt.*

Callcenter Boerse GmbH. (o.J.). *Tipps zum Outsourcen an ein Call-Center.* https://www.call-center.de/hotline-infoline-marketing-tipp-34.html. Zugegrifffen am 16.08.2022.

Corsten, H., & Will, T. (1994). Simultaneität von Kostenführerschaft und Differenzierung durch neuere Produktionskonzepte – Informationstechnologisches und arbeitsorganisatorisches Unterstützungspotential. *zfo, 63,* 286–293.

Deutsche Börse. (o.J.). *Neuer DAX setzt auf Nachhaltigkeit.* https://www.deutsche-boerse.com/dbg-de/me-dia/pressemitteilungen/Neuer-DAX-setzt-auf-Nachhaltig-keit-1786626. Zugegrifffen am 07.07.2022.

Deutsche Bundesbank. (2011). *Basel III – Leitfaden zu den neuen Eigenkapital- und Liquiditätsregeln für Banken.*

Deutsche Bundesbank. (2019a). *Ergebnisse des LSI-Stresstests 2019 – Gemeinsame Pressenotiz mit der BaFin.* https://www.bundesbank.de/de/presse/pressenotizen/ergebnisse-des-lsi-stresstests-2019-807574. Zugegrifffen am 03.09.2022.

Deutsche Bundesbank. (2019b). *Ergebnisse des LSI-Stresstests 2019 – Präsentation zum gemeinsamen Pressegespräch.* https://www.bundesbank.de/resource/blob/807590/9c2dd30ac74d686e-c4a741117b763166/mL/2019-09-23-stresstest-anlage-data.pdf. Zugegrifffen am 10.09.2022.

Deutsche Bundesbank. (2021). *Die Ertragslage der deutschen Kreditinstitute im Jahr 2020.* https://www.bundesbank.de/resource/blob/876222/0c1a444b427cf75d90deb2f6df794808/mL/2021-09-ertragslage-data.pdf. Zugegrifffen am 03.09.2022.

Deutsche Bundesbank. (o.J.). *Leverage ratio.* https://www.bundesbank.de/de/aufgaben/bankenaufsicht/einzelaspekte/leverage-ratio/leverage-ratio-598484. Zugegrifffen am 06.07.2022.

Dräbing, T. (2022, April 19). Teuer und riskant. *Berliner Zeitung.*

Eisenring, C. (2022). *Atomkraft und Gas gelten in der EU künftig als nachhaltig. Doch die Übung bleibt ein bürokratischer Albtraum.* https://www.nzz.ch/meinung/taxonomie-mit-gas-und-atomkraft-eu-betreibt-schadensbegrenzung-ld.1692369. Zugegrifffen am 07.07.2022.

Europäische Kommission. (2022). *Enhanced surveillance framework for Greece.* https://ec.europa.eu/info/business-economy-euro/economic-and-fiscal-policy-coordination/financial-assistance-eu/which-eu-countries-have-received-assistance/financial-assistance-greece_de. Zugegrifffen am 06.07.2022.

Europäische Union. (2021). *Delegierte Verordnung (EU) 2021/1253 der Kommission vom 21. April 2021.*

Europäische Union. (2022). *Verordnung (EU) Nr. 575/2013 des Europäischen Parlaments und des Rates vom 26. Juni 2013.*

European Banking Authority. (2020). *EBA report on management and supervision of ESG risks for credit institutions and investment firms.*

EZB. (2021). *Der Negativzinssatz der EZB.* https://www.ecb.europa.eu/ecb/educational/explainers/tell-me-more/html/why-negative-interest-rate.de.html. Zugegrifffen am 05.07.2022.

Fleck, A. (1995). *Hybride Wettbewerbsstrategie. Zur Synthese von Kosten – und Differenzierungsvorteilen.* Deutscher Universitätsverlag.

Gammelin, C. (2019). *Warum Olaf Scholz die Gründung einer Superbank gut fände.* https://www.sueddeutsche.de/wirtschaft/deutsche-bank-commerzbank-fusion-1.4372779. Zugegrifffen am 03.09.2022.

Gilbert, X., & Strebel, P. (1987). Strategies to outpace them competition. *TJoBS, 9,* 28–36.

GLS. (o.J.). *Die Geschichte der GLS Bank.* https://web.archive.org/web/20120104210058/http://www.gls.de/die-gls-bank/ueber-uns/geschichte.html#c11370. Zugegrifffen am 12.06.2022.

Greenpeace. (2022). https://www.greenpeace.de/klimaschutz/klimakrise/eu-taxonomie-klage c11370. Zugegrifffen am 20.09.2022.

Grill, W., Perczynski, H., Int-Veen, T., Menz, H., & Pastor, D. (2022). *Wirtschaftslehre des Kreditwesens.* Westermanngruppe.

Haberstock, L. (2022). *Kostenrechnung I.* Erich Schmidt Verlag.

Hirt, O., & Kröner, A. (2019). *Internet-Konkurrenz setzt Banken zu.* https://www.fr.de/wirtschaft/internet-konkurrenz-setzt-banken-11258448.html. Zugegrifffen am 04.09.2022.

Hummel, J. (1997). *Strategisches Öko-Controlling – Konzeption und Umsetzung in der textilen Kette.* Deutscher UniversitätsVerlag.

Institut der Wirtschaftsprüfer in Deutschland e.V. (2017). RS BFA 3 (n.F.).

Jessen, J. (2019). *Cum-Ex-Skandal. Viel mehr als ein Schlupfloch.* https://www.zeit.de/2019/51/cum-ex-skandal-steuerrecht-staatsversagen?utm_referrer=https%3A%2F%2Fwww.google.com%2F. Zugegrifffen am 04.09.2022.

Kaluza, B. (1989). *Erzeugniswechsel als unternehmenspolitische Aufgabe. Integrative Lösungen aus betriebswirtschaftlicher und ingenieurwissenschaftlicher Sicht.* Erich Schmidt Verlag.

Kaluza, B. (1996). *Dynamische Produktdifferenzierungsstrategie und moderne Produktionssysteme.* In Diskussionsbeitrag Nr. 211 des Fachbereichs Wirtschaftswissenschaft der Gerhard-Mercator-Universität-GH-Duisburg.

Kleinaltenkamp, M. (1987). Die Dynamisierung strategischer Marketing-Konzepte – Eine kritische Würdigung des „Outpacing-Strategies"-Ansatzes von Gilbert und Strebel. *zfbf, 39,* 31–52.

Laube, H. (2022). Der bewegte Mann. *Capital, 7,* 76–81.

Legal Tribune Online. (2022). *Ein Jahr nach Bankgebühren-Urteil des BGH. Hunderte Verbraucher beteiligen sich an Musterprozess.* https://www.lto.de/recht/nachrichten/n/bgh-urteil-fingierte-agb-banken-kontogebhren-ein-jahr-spter-klagen-beschwerden-verbraucher/. Zugegrifffen am 04.09.2022.

Leichsering, H. (2019). *Für die Hälfte der Kunden sind die Finanzinstitute austauschbar.* In der Bank Block vom 12.02.2019. https://www.der-bank-blog.de/fuer-haelfte-kunden/strategie/37652573/. Zugegrifffen am 11.09.2022.

Leistikow, D. (2020). *Weniger Geldautomaten: So bekommen Sie trotzdem Bares.* https://www.computerbild.de/artikel/cb-News-Finanzen-Geldabheben-Rewe-Aldi-Penny-31969887.html. Zugegrifffen am 16.08.2022.

Mays, V. (2018). *Wettbewerbsstrategien. Eine vergleichende Analyse zwischen der Dynamischen Ökologieführerschaft und der Blue Ocean Strategie.* LIT.

Meffert, H. (1986). Marketing im Spannungsfeld von weltweitem Wettbewerb und nationalen Bedürfnissen. *ZfB, 56*(8), 689–712.

Mussler, H. (2022). *Rufschaden für die Sparkassen*. https://www.faz.net/aktuell/finanzen/steuerfahnder-bei-der-deka-rufschaden-fuer-die-sparkassen-18121071.html. Zugegrifffen am 08.07.2022.

NDR. (2020). *Die VW-Abgas-Affäre: Eine Chronologie*. https://www.ndr.de/nachrichten/niedersachsen/braunschweig_harz_goettingen/Die-VW-Abgas-Affaere-eine-Chronologie,volkswagen892.html. Zugegrifffen am 04.09.2022.

NTV. (2022). *Der Börsentag. UBS enttäuscht mit Rekordgewinn*. https://www.n-tv.de/wirtschaft/der_boersen_tag/UBS-enttaeuscht-mit-Rekordgewinn-article23487766.html. Zugegrifffen am 26.07.2022.

O.V. (2019). *Explosion des Wissens: der Countdown läuft*. In KOM vom 18.03.2019. https://www.kom.de/medien/explosion-des-wissens-der-countdown-laeuft/. Zugegrifffen am 22.08.2022.

o.V. (2022). *Der Wohlstand bröckelt – Deutsche geraten an finanzielle Grenzen*. In Focus 22.08.2022. https://www.focus.de/finanzen/news/prognose-des-sparkassen-praesidenten-mehrheit-der-deut-schen-wird-nicht-mehr-sparen-koennen_id_136872534.html?utm_source=newsletter&utm_medium=email&utm_campaign=newsletter_FINANZEN. Zugegrifffen am 22.08.2022.

Olfert, K. (2018). *Kostenrechnung*. Kiehl Verlag.

Ostendorf, R. J. (2000). *Dynamische Ökologieführerschaft: eine Wettbewerbsstrategie gewinn-orientierte Unternehmen – theoretische Darstellung und praktische Überprüfung am Beispiel der Automobilindustrie*. Verlag Wissenschaft und Praxis.

Ostendorf, R. J. (2014). *Bankwirtschaft – Grundlagen für Ausbildung, Praxis und Studium*. Pearson.

Ostendorf, R. J. (2023). Kommentierung Artikel 92a der CRR – Eigenmittelanforderungen und berücksichtigungsfähige Verbindlichkeiten für G-SRI. In R. Fischer & H. Schulte-Mattler (Hrsg.), *KWG CRR-VO – Kreditwesengesetz – VO (EU) Nr. 575/2013 Kommentar*.

Ostendorf, R. J., Rösen, A., & Rettich, L. M. (2018). *Kreditvergabepraxis der Sparkassen und Genossenschaftsbanken*. LITVerlag.

Ostendorf, R. J., Smeets, M., Liepold, C., Bruns, E., & Rösner, M. (2021). RPA-Prozessverbesserungen: Taktische Position im Wettbewerb stärken. In R. J. Ostendorf (Hrsg.), *Nachhaltigkeit – differenzierte Perspektiven auf ein aktuelles Thema* (S. 1–70). LIT-Verlag.

Ostendorf, R. J., Liepold, C., & Schlöter, K. (2023). Nachhaltigkeit an der Börse. In R. J. Ostendorf (Hrsg.), *Krisenmanagement: Prävention, Identifizierung und Steuerung*. LIT-Verlag.

Perlmutter, H. (1969). The Tortuous Evolution of the Multinational Corporation. *TCJoWB, 4*, 9–18.

Porter, M. E. (2013). *Wettbewerbsstrategie (Competitive strategy), Methoden zur Analyse von Branchen und Konkurrenten*. Campus Verlag.

Porter, M. E. (2014). *Wettbewerbsvorteile Spitzenleistungen erreichen und behaupten (Competitive Advantage)*. Campus Verlag.

Raabe, M. (2008). *Innovatives Bankmarketing – Erfolgsstrategien im Direct Banking*. Springer.

Redaktions Netzwerk Deutschland GmbH. (2022). *Epstein, Schwarzgeld, Zinsbetrug: Die größten Skandale der Deutschen Bank*. https://www.rnd.de/wirtschaft/deutsche-bank-die-grossten-skandale-HB2SV474SBCWTMU3XVDJ454QOM.html. Zugegrifffen am 06.07.2022.

Sebastian, S., Kirchhoff, M., & Herz, C. (2022, März 23). Taugt die Immobilie als Altersvorsorge? *Handelsblatt*, S. 32.

Sepehr, J. (2018). *Gerechtigkeit fordern. Made in Bangladesch: Fünf Dinge, die sich in der Bekleidungsindustrie ändern müssen*. https://www.globalcitizen.org/de/content/made-in-bangladesch/. Zugegrifffen am 03.09.2022.

Sparkasse Fürth. (2022). *Preis und Leistungsverzeichnis vom 01.08.2022*. https://www.sparkasse-fuerth.de/content/dam/myif/spk-fuerth/work/dokumente/pdf/preise-leistungen/preis-leistungsverzeichnis.pdf?n=true. Zugegrifffen am 16.08.2022.

Stauss, B., & Seidel, W. (2014). *Beschwerdemanagement*. Hanser.

Tagesschau. (2022). *EZB leitet Zinswende im Euroraum ein.* https://www.tagesschau.de/wirtschaft/ezb-leitzins-141.html. Zugegrifffen am 05.07.2022.

Utopia. (o.J.). *Die besten Ökobanken.* https://utopia.de/bestenlisten/die-besten-gruenen-banken/. Zugegrifffen am 12.06.2022.

Verbraucherzentrale. (2022a). *Verwahrentgelte – was Sie jetzt wissen müssen.* https://www.verbraucherzentrale.de/wissen/geld-versicherungen/sparen-und-anlegen/verwahrentgelte-was-sie-jetzt-wissen-muessen-64023. Zugegrifffen am 16.08.2022.

Verbraucherzentrale. (2022b). *Teilverkauf der eigenen Immobilie: Was sind die Haken der Angebote?* https://www.verbraucherzentrale.de/wissen/geld-versicherungen/kredit-schulden-insolvenz/teilverkauf-der-eigenen-immobilie-was-sind-die-haken-der-angebote-48054. Zugegrifffen am 16.08.2022.

Verbraucherzentrale Bremen. (2017). *Zu alt für einen Immobilienkredit?* https://www.verbraucherzentrale-bremen.de/pressemeldungen/zu-alt-fuer-einen-immobilienkredit-10066. Zugegrifffen am 04.09.2022.

Wunsch-Weber, E., & Zdrzalek, L. (2022). *Diese Bankchefin hält nichts von Minuszinsen für Normalsparer.* https://www.wiwo.de/unternehmen/banken/frankfurter-volksbank-diese-bankchefin-haelt-nichts-von-minuszinsen-fuer-normalsparer/27973852.html. Zugegrifffen am 16.08.2022.

Zander, K., Bürgelt, D., Christoph-Schulz, I., Salamon, P., Weible, D., & Isermeyer, F. (2013). *Erwartungen der Gesellschaft an die Landwirtschaft.* https://literatur.thuenen.de/digbib_extern/dn052711.pdf. Zugegrifffen am 03.09.2022.

RPA aus dem Blickwinkel der Revision

4

Nachdem im dritten Kapitel die Verwendung von RPA im Kontext der aktuellen Herausforderungen im Wettbewerbsumfeld der Banken- und Finanzdienstleistungsbranche eingeordnet wurde, rückt im vierten Kapitel der Einsatz von RPA im speziellen Kontext von Revisionsanforderungen und den damit verbundenen (aufsichts-) rechtlichen Rahmenbedingungen in den Fokus. Nach einer grundlegenden Einordnung von RPA hinsichtlich ihrer bereits heute festzustellenden Verbreitung und Relevanz im Bankensektor folgt eine systematische Einordnung von RPA als Prüfungsgegenstand einerseits und als mögliches Instrument der Prüfungsunterstützung andererseits. Hierzu werden in diesem Kapital die gesetzlichen und regulatorischen Anforderungen an die Einsatzvorbereitung und die konkrete RPA-Nutzung ausführlich analysiert.

▶ **Important** Diese Analyse ist auch deshalb der konkreten Einsatzentscheidung voranzustellen, da oft in der Euphorie erster Implementierungserfolge von RPA zu spät erkannt wird, dass die regulatorischen Anforderungen entweder nicht oder nur unzureichend berücksichtigt wurden. Gerade in den stark regulierten Branchen des Finanzsektors resultieren aus dieser Schwachstelle mögliche Risiken, die es möglichst zu vermeiden gilt (PWC, 2021).

Ziel ist es deshalb, dabei sowohl den Anwendern als auch den Prüfern der RPA einen praxisorientierten Leitfaden für das bankfachliche Handeln zur Verfügung zu stellen und so einen sicheren und möglichst aufsichtskonformen Einsatz der RPA-Technologie zu gewährleisten.

4.1 RPA als Prüfungsthema – großflächiger Einsatz erfordert angemessene Prüfung

Der Bundesverband der Deutschen Volksbanken und Raiffeisenbanken (BVR) hat im Jahr 2020 unter den Mitgliedsinstituten eine Umfrage zu den Potenzialen der Prozessautomation in Genossenschaftsbanken durchgeführt (BVR, 2020). An der Umfrage des BVR zur Automation von Prozessen beteiligten sich rd. 30 % der Banken, Abb. 4.1. gibt einen Überblick über die Umfragebeteiligung.

Die Umfrageergebnisse ermöglichen damit einen aussagekräftigen Überblick der praktischen Anwendung, insbesondere für die Banken mit einer durchschnittlichen Bilanzsumme über 500 Mio. €.

Danach setzten seinerzeit bereits 7 % der Banken RPA im Tagesgeschäft ein, siehe Abb. 4.2, bei gleichzeitig zunehmender Dynamik der Aktivitäten (der Anteil incl. Sondierer beträgt 35 %). Vor diesem Hintergrund gibt es ein klares Bekenntnis des IT-Dienstleisters der genossenschaftlichen Finanzgruppe der Atruvia AG, die Prozessautomation im Kernbankverfahren zu betreiben und zu forcieren (Atruvia, 2022).

In 89 % der Fälle greifen die Anwender auf die diesbezügliche Standardsoftware UiPath bzw. UiPath Cloud zurück. Diese Spezifika dieser Software bzw. ihres gleichnamigen Anbieters und die dabei gewählten Begrifflichkeiten werden daher im weiteren Verlauf des Kapitels stellvertretend im Fokus der Analysen stehen.

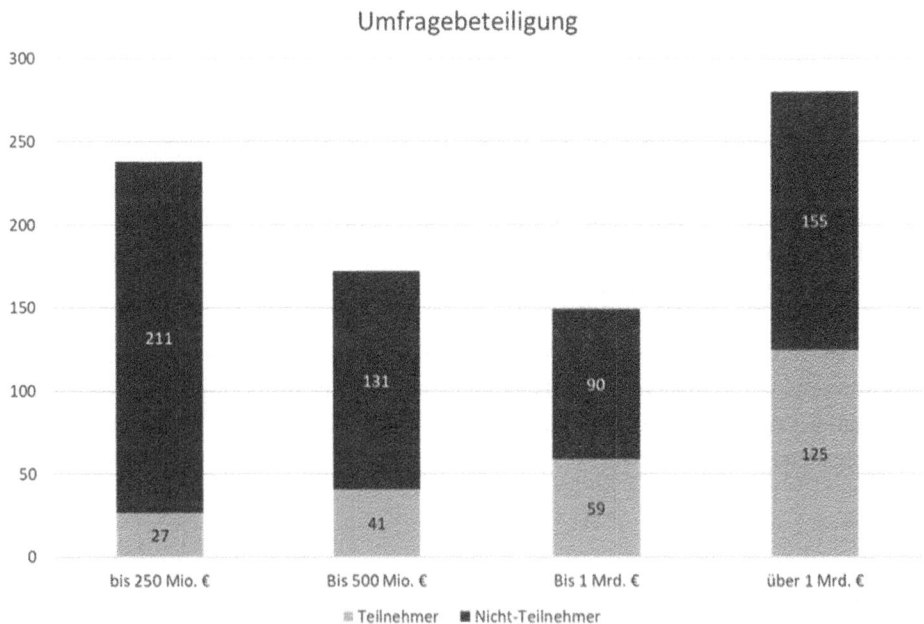

Abb. 4.1 Umfragebeteiligung. (BVR, 2020)

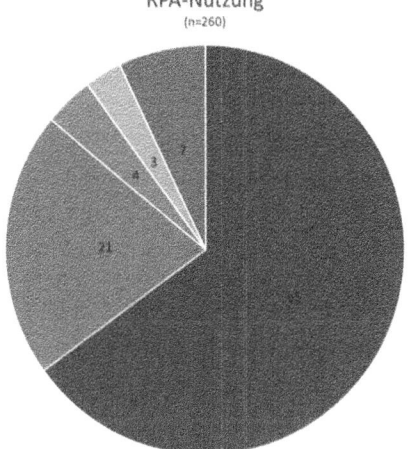

Abb. 4.2 RPA-Nutzung. (BVR, 2020)

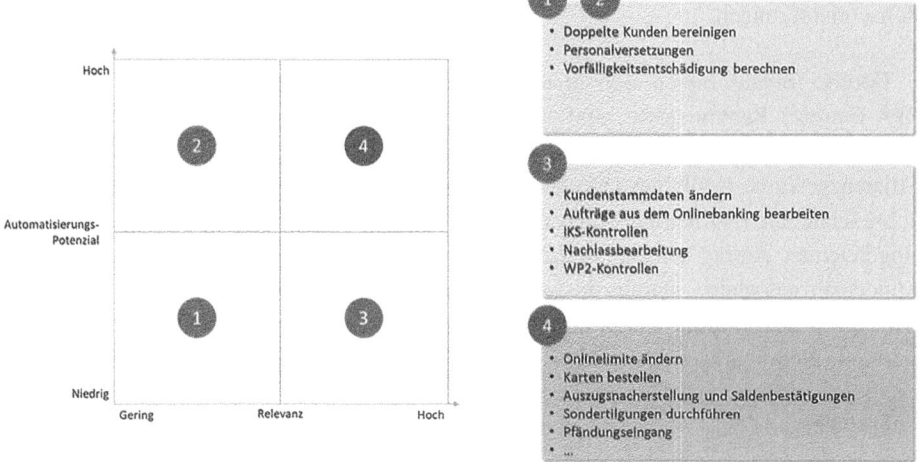

Abb. 4.3 RPA-geeignete Prozessbeispiele. (Angelehnt an BVR, 2020)

Abb. 4.3 zeigt Prozesse, die von den teilnehmenden Banken nach den Kriterien „Wichtigkeit" und „Automatisationspotenzial" eingestuft wurden (BVR, 2020).

RPA kann grundsätzlich in allen Geschäftsbereichen der Bank eingesetzt werden. Zu den wichtigsten RPA-Anwendungsfällen gehören folgende (Ostrowicz, 2017 und Kap. 2):

Kundenbetreuung

RPA kann den Kundenservice verbessern, indem Aufgaben im Contact Center automatisiert werden, zum Beispiel die Überprüfung von elektronischen Unterschriften, das Hochladen von gescannten Dokumenten und die Überprüfung von Informationen für automatische Genehmigungen oder Ablehnungen. RPA standardisiert und beschleunigt nicht nur Routineaufgaben, sondern gibt Mitarbeitenden auch den nötigen Freiraum, um sich auf die Lösung von Kundenproblemen zu konzentrieren.

Finanz- und Rechnungswesen
Zu den Finanz- und Buchhaltungsprozessen, die sich für RPA eignen, gehören die allgemeine Buchhaltung, die Steuerbuchhaltung und deren Einhaltung sowie die Finanzplanung und das Berichtswesen.

Personalwesen
Zu den Aufgaben im Personalwesen, die durch RPA automatisiert werden, gehören u. a. Lohn- und Gehaltsabrechnung, Zeiterfassung und Anwesenheitsmanagement, aber auch die strukturierte Gewinnung neuer Mitarbeiter.

IT-Management und -Dienstleistungen
Beispiele für die Anwendung von RPA im IT-Bereich sind die Automatisierung von Software-Audits, die Verwaltung von Quellcode-Kontrollen, die Lösung von Problemen wie Passwort-Rücksetzungen und Server-Neustarts sowie die Optimierung von E-Mail-Benachrichtigungen.

Darüber hinaus bieten sich *in nahezu jedem Bankprozess* Ansatzpunkte für einen RPA-Einsatz. Bankprozesse sind häufig geprägt von dokumentenbasierten Eingabeinformationen. Eine automatisierte Dokumentenverarbeitung kann hierbei erhebliche Effizienzgewinne bezüglich Durchlaufzeiten und Qualität liefern. Die dadurch ermöglichte schnellere Bearbeitung von Anliegen und somit die Lieferung einer Antwort auf den eingereichten Antrag nahezu in Echtzeit führen bestenfalls zu einer Steigerung der Kundenzufriedenheit. Durch die optimierte Dokumentenprüfung können somit Ineffizienzen ausgeräumt, Daten nahtlos in Folgeprozessen überführt und genutzt sowie wertvolle Nettomarktzeit generiert werden.

> **Example**
>
> Selbst im komplexen Immobilienfinanzierungsprozess findet sich so markantes Einsatzpotenzial für RPA (Douqué et al., 2022). Insbesondere in der Phase der Prüfung der Vielzahl der vom Kunden einzureichenden Dokumente und Nachweise bestehen Möglichkeiten mittels RPA Optimierungspotenziale zu heben. Die dabei zu durchlaufenden Schritte umfassen u. a. die Kategorisierung der verschiedenen eingereichten Unterlagen anhand dokumentenspezifischer Strukturen und Muster. Diese Klassifizierung dient anschließend als Grundlage für den Abgleich gegen antragsspezifische Checklisten mittels RPA, um eine frühzeitige Vollständigkeits- und Plausibilitätsprüfung zu ermöglichen. So können auch fehlende Unterlagen zeitnah direkt vom Kunden angefordert werden, um den Antragsprozess fortsetzen zu können. Weiterhin kön-

nen die Dokumente im Nachgang automatisiert archiviert werden. Sind alle Dokumente geprüft sowie vollständig vorliegend, können Informationen aus dem Antrag final ausgelesen und kunden- bzw. antragsspezifische Daten nahtlos in bankinterne Systeme übertragen werden. Dabei können auch entsprechende Abgleiche bzw. Anreicherungen von Daten mit ggf. im Kernbanksystem vorliegenden Informationen über RPA oder die Überprüfung von Unterschriften durchgeführt werden. Den fachlichen Schwerpunkt der Dokumentenprüfung stellt anschließend der Abgleich der angegebenen Informationen im Antrag gegen definierte Fachregeln dar. Dieser kann mit seinen komplexen fachlichen Kriterien mittels RPA optimiert werden, um eine fehlerfreie und zielorientierte Verarbeitung von potenten Antragstellenden zu ermöglichen. ◀

▶ **Fazit Important.** Die breite Einsatzpalette für RPA und die stetig zunehmende Verbreitung in der Praxis erfordern zwingend eine intensive Befassung der Revision mit dem Prüffeld RPA (Hanenberg, 2001). Gemäß BT 2.3 Textziffern 1 und 2 der MaRisk muss die Tätigkeit der Internen Revision auf einem umfassenden und jährlich fortzuschreibenden Prüfungsplan basieren. Die Prüfungsplanung hat risikoorientiert zu erfolgen. Die Aktivitäten und Prozesse des Instituts sind, auch wenn diese ausgelagert sind, in angemessenen Abständen, grundsätzlich innerhalb von drei Jahren zu prüfen. Wenn besondere Risiken bestehen, ist jährlich zu prüfen. Bei unter Risikogesichtspunkten nicht wesentlichen Aktivitäten und Prozessen kann vom dreijährigen Turnus abgewichen werden. Die Risikoeinstufung der Aktivitäten und Prozesse ist regelmäßig zu überprüfen. Die Risikobewertungsverfahren der Internen Revision haben eine Analyse des Risikopotenzials der Aktivitäten und Prozesse unter Berücksichtigung absehbarer Veränderungen zu beinhalten. Dabei sind die verschiedenen Risikoquellen und die Manipulationsanfälligkeit der Prozesse durch Mitarbeiter angemessen zu berücksichtigen (BaFin, 2021).

Die in diesem Kapital nachfolgend erörterten Themen können hierbei explizit als Unterstützung und Leitfaden für die vor diesem Hintergrund revisions- und bankseitig anzustellenden Planungen und die daraus abgeleiteten konkreten Vorbereitungs- und Umsetzungsmaßnahmen und die projektbegleitenden bzw. im Regelbetrieb folgenden turnusmäßigen Prüfungshandlungen dienen.

Example

Auch die Finanzaufsicht selbst nutzt zwischenzeitlich selbst für ausgesprochen sensible Prozesse automatisierte Hilfestellungen: Die EZB-Bankenaufsicht nutzt künftig Künstliche Intelligenz (KI), um Kandidaten für Führungs-Positionen bei Geldhäusern zu prüfen. Die Europäische Zentralbank (EZB) habe die erste Version eines leistungsstarken Tools zur Verarbeitung natürlicher Sprache, benannt nach einem mythologischen Gott der Wikinger „Heimdall", auf den Weg gebracht, kündigte EZB-Bankenaufseherin Elizabeth McCaul am 13.07.2022 an. Das Werkzeug werde die EZB bei ihren sogenannten „Fit-and-Proper"-Bewertungen unterstützen. So werden bei der Aufsicht die Beurteilungen der fachlichen Qualifikation und persönlichen Zuverlässigkeit von Kandidaten für Führungspositionen bei beaufsichtigten Instituten bezeichnet. „Heimdall verarbeitet und voranalysiert automatisch Dokumente, die von Banken für potenzielle Führungsmitglieder und Inhaber von Schlüsselpositionen eingereicht werden", erläuterte McCaul. Heimdall könne Dokumente in natürliche Sprache lesen und verarbeiten und die Informationen nach vorbestimmten Regeln für die Aufseher strukturieren. (FAZ, 2022) ◄

4.2   RPA und Revision – ein Überblick

4.2.1   Perspektive RPA als Prüfobjekt

Der Einsatz von RPA hat elementare unmittelbare und mittelbare Auswirkungen auf die Prüfungsstrategie und die Prüfungsaktivitäten der Revision, insbesondere im Hinblick auf die Prüffelder „Kontrollsystem" und „Kontrollaktivitäten". Dieses soll nachfolgend am Beispiel der Automatisation rechnungslegungsrelevanter Prozesse und Kontrollen verdeutlicht werden.

Example

Bereits bei einem Standardprüffeld wie der Rechnungseingangsprüfung wird dies transparent: Menschliche Aktivitäten wie das Einsehen von Rechnungen und Abgleichen mit Auftrag und Lieferschein, lassen sich nachvollziehen und hinterlassen regelmäßig eine Fußspur, z. B. Einträge in Log Files, Kontierungsvermerke oder Freigabedokumentation. Durch den Einsatz von RPA verlieren sich jedoch diese Fährten. Rechnungen werden direkt an der Quelle beim Posteingang abgeholt und dann innerhalb der RPA verarbeitet. Das Ergebnis der Prüfung ist dann ein „True" or „False". Mit dieser Entscheidung ist wiederum der nächste Robot verknüpft. Die Herausforderungen für den Revisor in diesem Zusammenhang sind mehrschichtig: Er muss einerseits das RPA-Umfeld aufnehmen und andererseits beurteilen, ob der Robot verlässlich zu einer Entscheidungsfindung kommt. ◄

Selbst für einen hoch spezialisierten IT-Prüfer sind diese Herausforderungen alles andere als trivial. Dieser kann zwar bei technischen Fragen hinsichtlich der Zugriffsrechte, Benutzerverwaltung und anderer IT-bezogener Aspekte seine Expertise einbringen. Doch RPA ist nicht nur ein IT-, sondern gerade auch ein grundlegendes Prozessthema. Die verantwortlichen Prüfer benötigen eine besondere Expertise hinsichtlich der Robot gestützten Prozessdesigns, um den Einsatz von RPA in ihren Unternehmen angemessen überprüfen zu können. Daher ist neben dem IT-Prüfer das gesamte Revisionsteam gefordert und ggfs. auch eine spezialisierte externe Prüfungsunterstützung notwendig, um die zahlreichen

komplexen berufsrechtlichen Anforderungen hinsichtlich der vorzunehmenden Aufbau-
und Funktionsprüfungen in Bezug auf den Einsatz von RPA zu erfüllen.

▶   **Important** Aufgrund ihrer prozessunabhängigen und gesamtheitlichen Positionie-
    rung, ihrer prüferischen Spezialexpertise hinsichtlich Aufbau- und Ablauf-
    organisation, Kontrollsystemen und Kontrollverfahren kann die Revision im Zu-
    sammenhang mit der Einführung und dem Einsatz von RPA aber eben auch konkre-
    ten Mehrwerte schaffen:
       Die Revision kann das Unternehmen bei der Integration von Governance-, Ri-
    siko-, und Kontrollaspekten im Zusammenhang mit der Einführung der neuen
    Technologien unterstützen und Möglichkeiten zur Implementierung von auto-
    matisierten Kontrollen in relevanten Geschäftseinheiten und -prozessen aufzeigen.
    Die Revision kann prüferisch beratend dabei helfen, durch jede Phase der Imple-
    mentierung von RPA zu navigieren.

In den einzelnen Phasen der RPA-Implementierung sind folgende Aspekte revisionsseitig zu thematisieren:

Vor der Implementierung von RPA
- Hat die Geschäftsführung eine Strategie, Ziele und Prioritäten für die Einführung von
  RPA im gesamten Unternehmen definiert?
- Welcher Automatisierungsgrad besteht aktuell? Wie ausgereift sind die Prozesse in
  Bezug auf auftretende Veränderungen oder die Definition neuer Anforderungen?
- Wurden Governance-Prozesse aktualisiert, um den zusätzlichen Risiken von RPA zu
  begegnen?
- Wie wird die Umverteilung und Neupriorisierung der Mitarbeiter gesteuert?
- Wurden alle relevanten Funktionen innerhalb des Unternehmens frühzeitig und
  kontinuierlich in den Prozess eingebunden?
- Verfügt das Unternehmen über die Fähigkeit, mit der steigenden Komplexität von RPA
  umzugehen?
- Wurden die Aspekte Sicherheit, Einhaltung gesetzlicher und aufsichtsrechtlicher Vorschriften, Finanzen – einschließlich der internen Kontrollen der Risikobericht-
  erstattung – und Prüfung sowie die Auswirkungen auf Menschen, Prozesse und Technologie berücksichtigt?

Während der Implementierung von RPA
- Beinhaltet der Projektplan zur RPA-Implementierung angemessene Meilensteine?
- Stehen Konstruktionsänderungen während der Implementierung im Einklang mit dem
  festgelegten Rahmen für Risiken und Kontrollen bei der RPA-Governance?
- Werden bei der Implementierung Risiken durch Drittanbieter (z. B. Verträge oder Li-
  zenzen) hinsichtlich der Auswahl von RPA-Produkten berücksichtigt?

- Behandelt der Governance-Rahmen die Notwendigkeit effizienter und angemessener Kontrollen der Bots?
- Wie wird die Abstimmung zwischen den drei Verteidigungslinien sichergestellt?
- Welche Mechanismen existieren zur Überwachung der Entwicklung und Wirksamkeit der RPA-Plattform anhand der Unternehmensanforderungen?
- Wie sieht der Problemlösungsprozess aus, bei dem Automatisierungsfehler zeitnah durch eine Lösung bewertet, korrigiert, nachverfolgt und kommuniziert werden?

Nach der Implementierung von RPA und fortlaufend
- Stimmt das Rahmenwerk für die Steuerung von Risiken und Kontrollen der RPA weiterhin mit den Geschäftsstrategien überein?
- Wie ist das RPA-Lieferantenmanagement in das unternehmensweite System der Dienstleistersteuerung integriert – einschließlich der Bewertung von Risiken durch Drittanbieter und Software-Sicherheit?
- Wurden die Auswirkungen von RPA auf das Unternehmen im mehrjährigen Prüfungsplan der Revision angemessen berücksichtigt?
- Sind die Mitarbeiter hinsichtlich der Prozesse und Kontrollen, für die sie verantwortlich sind, gut unterrichtet?
- Welche Schlüsselkennzahlen, einschließlich Auslastung der Plattform und Kapazitätsmanagement, Trends in der Prozessautomatisierung und Prozess-(Ausnahme-)Empfehlungen, werden ermittelt?
- Wie werden Effektivität und Effizienz von RPA gemessen und im Vergleich zum erstellten Business Case berichtet?
- Wurden zusätzliche Möglichkeiten in Betracht gezogen, RPA für Sicherheit, Betrieb, Kontrolltests, Audit-Funktionen und Cyber-Orchestrierung zu verwenden? (EY, 2018)

4.2.2   Perspektive RPA als mögliche Prüfungsunterstützung

Auch zur Verbesserung der eigenen Effektivität und Effizienz, bspw. Durch Kostenreduzierung, Steigerung der Output-Qualität oder der Schaffung von zusätzlichem Mehrwert für das Unternehmen, sollte die Revision den Einsatz von RPA in Erwägung ziehen. RPA kann für Revisionen bei einer Vielzahl von

- regelmäßig und häufig wiederkehrenden
- strukturierten
- wenig komplexen (d. h. es gibt klare Geschäftsregeln und eine geringe oder gar keine Ausnahmerate)
- digital basierten

Prozessen zum Einsatz gebracht werden.

▶   **Important** Gerade bei Tätigkeiten wie der Übertragung von Daten aus dem Bank-
      system in eine Prüfsoftware, dem Abgleich von Daten aus verschiedenen Quellen
      (z. B. aus Haupt- bzw. Nebenbuch), der Gewinnung von Daten (Auslesen von
      prüfungsrelevanten Daten aus Vertragsdokumenten), der Verarbeitung und Trans-
      formation von Daten (Konvertierung von Daten aus der Tabellenkalkulation, Zu-
      sammenstellen von Übersichten, etc.) kann ein RPA auch bei Revisionsaktivitäten
      sein Potenzial entfalten.

Grundsätzlich bestehen nachfolgende fünf Einsatzfelder für die Anwendung von RPA
in der Revisionspraxis (Internal Auditing, 2020):

Unterstützung
RPA kann die Interne Revision bei der Durchführung von verschiedenen Tätigkeiten
unterstützen, wie bei der Datenbeschaffung. Anstatt im ERP System manuell nach Transaktionen zu suchen, diese zu speichern und später mit anderen Daten zusammenzuführen,
ermöglicht RPA der Revision solche Aufgaben per Knopfdruck durchzuführen.

Validierung
RPA kann die Interne Revision bei der Validierung von Daten entlasten. Beispielsweise
können Bots die berichteten Distanzen bei Geschäftsreisen untersuchen, indem automatisch die Entfernung zwischen Start- und Zielort berechnet und mit den Angaben in der
Datenbank verglichen wird.

Prüfung der Kontrollen
RPA kann die Interne Revision bei der Prüfung bestimmter Kontrollen unterstützen. Eine
Vielzahl an Prozessen lässt sich als regelbasierter Ablauf von Tätigkeiten innerhalb eines
Flowcharts darstellen. Mithilfe von RPA können Abweichungen von Prozessen bzw. die
entsprechenden Kontrollschwächen automatisch identifiziert werden, indem beispiels-
weise im Rechnungseingang nach doppelten Rechnungen gesucht wird.

Datengenerierung
RPA kann der Internen Revision bei der Generierung von Daten helfen bzw. die Auswertung
von neuen Daten ermöglichen. Hierunter fallen beispielsweise Daten im PDF-Format oder
die Auswertung von Bildern, deren manuelle Auswertung viel Zeit in Anspruch nehmen
würde, aber eventuell erforderlich sein kann, um zu Feststellungen zu gelangen.

Berichterstattung
RPA kann die Interne Revision bei der Erstellung von Berichten entlasten, indem Vorlagen
automatisch generiert und mit Informationen befüllt werden. Ein anderes Anwendungs-
beispiel sind automatisch generierte Erinnerungen an Follow-Up Maßnahmen.

Ein derartiger Einsatz von RPA in der Revision selbst hat vielfältige Auswirkungen. So wird das Personal durch die voll automatisierte Abarbeitung von Prüfungsaufgaben im Hintergrund etwa von eintönigen Click-Copy-Paste Aktivitäten befreit, bzw. RPA bereitet komplexere Prüfungstätigkeiten effizient vor (strukturiertes Auslesen von Dokumenten und Erhebung der prüfungsrelevanten Daten). Daneben gilt es jedoch, im Vorfeld und Verlauf des RPA Einsatzes die vielfältigen gesetzlichen und regulatorischen Anforderungen auch bei RPA in der Revision genauso zu beachten wie im Unternehmen selbst. Deshalb werden im Abschn. 4.3 diese gesetzlichen und regulatorischen Anforderungen ganzheitlich auf Relevanz hin analysiert und der Einsatz von RPA unter diese Anforderungen subsumiert.

4.3   Überblick der relevanten gesetzlichen und regulatorischen Anforderungen

4.3.1   Allgemeine Anforderungen aus dem BGB

4.3.1.1 Vertragsrecht

▶   **Important** Im Vorfeld eines RPA-Einsatzes sind vielfältige vertragsrechtliche Fragestellungen zu klären. Eine sorgfältige Vorarbeit auf diesem Gebiet ist insbesondere dann von hoher Relevanz, wenn es beim späteren Einsatz durch RPA zu einem Schaden kommt, zum Beispiel weil Daten falsch zugeordnet wurden oder Kundenfragen fehlerhaft beantwortet wurden.

Hier stellt sich dann stets zuerst die Frage, wer diesen Schaden ersetzen muss. In aller Regel wird zunächst das handelnde Unternehmen den Schaden begleichen müssen, da es in einer unmittelbaren Rechtsbeziehung zum Geschädigten steht. Das Unternehmen kann aber gegebenenfalls Regress nehmen, wenn der Schaden nicht durch einen eigenen Fehler verursacht wurde. Ob und inwieweit ein Regress möglich ist, hängt davon ab, wie der zugrunde liegende Vertrag über die RPA-Software ausgestaltet ist. Hier kommen insbesondere drei vertragliche Konstellationen in Betracht (Feldmann, 2022):

1. Standalone-Erwerb von RPA-Software: Das Unternehmen erwirbt die Software, implementiert und konfiguriert diese selbst.
2. Erwerb der RPA-Software und Implementierung durch einen Dienstleister: Hier definiert das Unternehmen die Anforderungen und der Dienstleister setzt diese um.
3. RPA-Outsourcing: Hierbei wird der komplette RPA-Prozess auf einen externen IT-Dienstleistern ausgelagert, welcher die RPA-Software selbst betreibt und in die Prozesse des Unternehmens einbindet.

Die Konstellationen sind in Abb. 4.4 grafisch dargestellt.

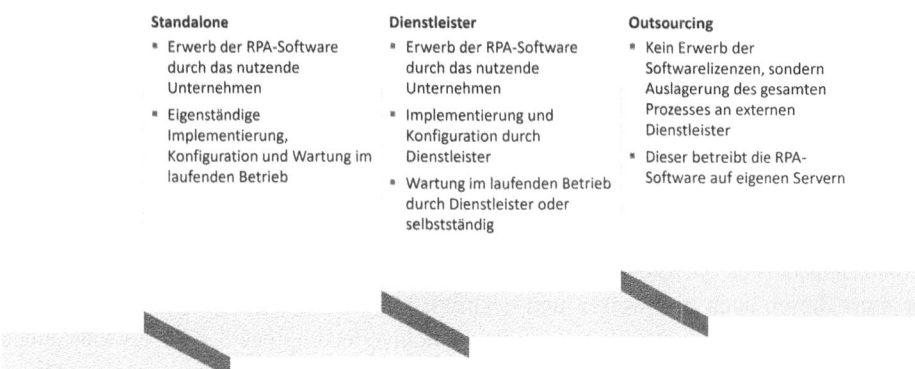

Standalone
- Erwerb der RPA-Software durch das nutzende Unternehmen
- Eigenständige Implementierung, Konfiguration und Wartung im laufenden Betrieb

Dienstleister
- Erwerb der RPA-Software durch das nutzende Unternehmen
- Implementierung und Konfiguration durch Dienstleister
- Wartung im laufenden Betrieb durch Dienstleister oder selbstständig

Outsourcing
- Kein Erwerb der Softwarelizenzen, sondern Auslagerung des gesamten Prozesses an externen Dienstleister
- Dieser betreibt die RPA-Software auf eigenen Servern

Abb. 4.4 Arten der RPA-Nutzung. (Eigene Darstellung angelehnt an Feldmann, 2022)

Wird nun durch den Einsatz der RPA-Software ein Schaden verursacht, muss zunächst geklärt werden, wer den Schaden verursacht hat. Dies hängt von der Ausgestaltung der zuvor beschriebenen Vertragskonstellation ab. Das Haftungsrisiko für das einsetzende Unternehmen ist bei Standalone-Erwerb am höchsten und nimmt mit zunehmendem Auslagerungsgrad zu Lasten des jeweiligen Dienstleisters ab. In der Praxis kommt es aber entscheidend darauf an, dass der Geschädigte die Schadensursache nicht nur behauptet, sondern auch nachweisen kann. Grundsätzlich muss der Anspruchssteller beweisen, dass der Schaden durch eine Pflichtverletzung des Anspruchsgegners verursacht wurde. Damit dies möglich ist, muss beim RPA bereits im Einführungsprozess darauf geachtet werden, dass die einzelnen, automatisierten Prozessschritte, Aufgaben und Aktionen detailliert dokumentiert sind und somit nachgeprüft werden können.

Die Logfiles sollten Aufschluss darüber geben, ob Fehler aufgetreten sind oder versucht wurde, den automatisierten Prozess von außen zu manipulieren. Ebenso müssen die automatisierten Prozesse durch ein Rollen- und Berechtigungskonzept gesichert sein, damit nur Personen Änderungen vornehmen können, die dazu auch legitimiert sind. Gleichzeitig sollte protokolliert werden, wann welche Person welche Änderungen durchgeführt hat. Mit fundierter vertragsrechtlicher Sphärenabgrenzung in Kombination mit sachgerechten organisatorischen Maßnahmen zur Dokumentation bzw. Beweissicherung im Rahmen der Leistungserbringung lassen sich dann im Fall der Fälle Rechtsrisiken aus Vertragsstreitigkeiten besser bewältigen.

4.3.1.2 Schuldrecht/Schadensrecht

Die Komplexität von RPA bringt es mit sich, dass im Praxiseinsatz Fehler passieren.

Bei allen Vorteilen, die sich aus dem Einsatz von RPA im Finanzsektor ergeben können, stellt sich die Frage, wer die rechtliche Verantwortung für einen Fehler oder Schaden zu tragen hat. Wer muss dafür haften, wenn ein Bot eine Kundenanfrage falsch beantwortet hat, oder wenn Daten falsch zugeordnet worden sind?

Selbstverständlich ersetzen die nachfolgenden Aussagen keine fundierte, einzelfallbezogene fachjuristische Beratung, eine grundlegende Information über bestehende und anzuwendende schuldrechtliche Grundprinzipien soll aber möglich werden:

Die u. a. im BGB geregelten Ansprüche im Falle eines Schadens treffen keine Unterscheidung zwischen menschlichen und maschinellen Fehlern. In der Praxis haftet also zunächst einmal die Unternehmung, mit der ein Geschädigter eine Geschäftsbeziehung unterhält. Das ist im Verhältnis mit dem Kunden also zunächst einmal die Bank bzw. der Finanzdienstleister. Allerdings darf ein Geschädigter einen Schaden nicht nur behaupten, er muss diesen auch nachweisen und beziffern können. Er muss nachweisen, dass der Schaden durch ein Fehlverhalten oder eine Pflichtverletzung des Schädigers entstanden ist. Dazu ein Beispiel aus dem Investment-Bereich: Hat das RPA-basiert verwaltete Depot eines Kunden massiv an Wert verloren, ist zwar ein „Schaden" entstanden. Juristisch käme eine Forderung nach Schadensersatz aber nur dann in Betracht, wenn der Wertverlust nicht durch die Volatilität der Wertpapierkurse entstand, sondern der Bot die Einlagen des Kunden in einer ausdrücklich ausgenommenen Asset-Klasse angelegt hätte. Wurde also vertraglich vereinbart, dass die Einlagen des Kunden nicht in Kryptowährungen angelegt werden, ist dies aber dennoch geschehen, dürfte ein Gericht einen Anspruch auf Schadensersatz zumindest in Erwägung ziehen (Behrens, 2021).

▶ **Important** Deshalb ist es bei der Implementierung von RPA-Prozessen elementar wichtig, die automatisierten Prozessschritte, Aufgaben und Aktionen detailliert zu dokumentieren, damit diese auch überprüft werden können.

In Logfiles sollten Hinweise zu finden sein, ob ein Fehler aufgetreten ist oder ob der Prozess verändert wurde. Deshalb hat es auch eine große Bedeutung, dass Änderungen an den RPA-Prozessen nur von dazu legitimierten Benutzern durchgeführt werden können.

▶ **Important** Wird juristisch ein Schaden festgestellt, besteht aus Sicht des RPA-Anwenders die Option, Regressforderungen zu stellen, sofern diese RPA von Drittdienstleistern erstellt wurde bzw. es sich nicht um eine vollständig eigene Entwicklung handelt.

Ob hier Aussichten bestehen, den eigenen Schaden zurückzufordern, hängt hier aber stark von der Ausgestaltung des Vertragsverhältnisses ab und müsste im Einzelfall geprüft werden. Das Produkthaftungsrecht sieht hierfür eine Reihe von Anspruchsgrundlagen im Produkthaftungsgesetz, aber gleichzeitig auch vergleichsweise hohe Beweislasthürden vor (Bonertz et al., 2020), die an dieser Stelle allerdings nicht vertieft werden sollen.

4.3.2 Anforderungen des Handels- und Steuerrechts

Selbstverständlich sind beim Einsatz von RPA in rechnungslegungsrelevanten Funktionsbereichen auch die Grundsätze zur ordnungsmäßigen Führung und Aufbewahrung von

Büchern, Aufzeichnungen und Unterlagen in elektronischer Form sowie zum Datenzugriff (GoBD) und sämtliche Anforderungen des Instituts der Wirtschaftsprüfer (IDW) aus dem Bereich der Rechnungslegung, wie z. B. die IDW Stellungnahme zur Rechnungslegung: Grundsätze ordnungsmäßiger Buchführung bei Einsatz von Informationstechnologie (IDW RS FAIT 1), die IDW Stellungnahme zur Rechnungslegung: Grundsätze ordnungs-mäßiger Buchführung bei Auslagerung von rechnungslegungsrelevanten Prozessen und Funktionen einschließlich Cloud Computing (IDW RS FAIT 5) und der Kriterienkatalog C5 (Cloud Computing Compliance Criteria Catalogue), zu beachten (Dagianis, 2021).

So stellen sich zum Beispiel für die Anwender häufig folgende Fragen, wie die GoBD beim RPA-Einsatz auszulegen ist:

- Welche Anforderungen gibt es an die Berechtigungsverwaltung von Nutzern?
- Welche Vorgaben gibt es in Bezug auf die Angemessenheit von Kontrollmaßnahmen?
- Müssen Zugriffsberechtigungskonzepte nur vorhanden sein, oder gibt es spezielle An-forderungen an diese Konzepte? Gibt es Konzepte die unzureichend wären?
- Welche Vorgaben gibt es hinsichtlich Funktionstrennungen?
- Wie sind Plausibilitätsprüfungen zu realisieren? Sind technische Eingabekontrollen ausreichend?
- Welche Vorgaben gibt es in Bezug auf die Angemessenheit von Schutzmaßnahmen gegen Verfälschung?
- Wer muss welche bei Verarbeitungskontrollen festgestellten Fehler wann melden?
- Welche konkreten Anforderungen gibt es an den Registrierungsprozess von neuen Nutzern?
- Gibt es eine Anforderung zur Multi-Faktor Authentifizierung?
- Welche zeitlichen Abstände sind bei Benutzerkontenkontrollen angemessen (z. B. in Bezug auf saisonale Lieferanten)?
- Wann sind eine Prüfung und Bearbeitung von Fehlermeldungen und -protokollen nicht mehr zeitnah?
- In welcher Form müssen Mapping Tabellen des Dienstleisters beim eigenen Unter-nehmen verfügbar sein?

Die Antworten auf diese Fragen sowie auch Bescheinigungen bzw. Prüfungsnachweise zur Einhaltung der vorgenannten einschlägigen IDW-Standards sollten vom Dienstleister vorgehalten werden können und sind in aller Regel in entsprechenden Whitepapers doku-mentiert. Eigene Prüfungshandlungen durch die Revisionen der Anwender dürften daher zumindest diesbezüglich auf die Vollständigkeit und Aktualität der beigebrachten Testate beschränkt bleiben können.

4.3.3 Bankrechtliche Anforderungen des KWG

4.3.3.1 Generalnorm des KWG

Die aufsichtsrechtliche Generalnorm für die Anforderungen an einen ordnungsmäßigen Geschäftsbetrieb bildet § 25a KWG. Diese Regelung gibt vor, dass „ein Institut […] über eine ordnungsgemäße Geschäftsorganisation verfügen [muss], die die Einhaltung der vom Institut zu beachtenden gesetzlichen Bestimmungen und der betriebswirtschaftlichen Notwendigkeiten gewährleistet. Die Geschäftsleiter sind für die ordnungsgemäße Geschäftsorganisation des Instituts verantwortlich; sie haben die erforderlichen Maßnahmen für die Ausarbeitung der entsprechenden institutsinternen Vorgaben zu ergreifen, sofern nicht das Verwaltungs- oder Aufsichtsorgan entscheidet. Eine ordnungsgemäße Geschäftsorganisation muss insbesondere ein angemessenes und wirksames Risikomanagement umfassen, […]; das Risikomanagement umfasst insbesondere […]

- eine angemessene personelle und technisch-organisatorische Ausstattung des Instituts;
- die Festlegung eines angemessenen Notfallkonzepts, insbesondere für IT-Systeme […]" (Luz et al., 2011).

Die Auslegung dieser Generalnorm erfolgt in den sogenannten Mindestanforderungen. Bei den verschiedenen Mindestanforderungen handelt es sich um sogenannte norminterpretierende Verwaltungsvorschriften, die eine Selbstbindung der deutschen Finanzaufsicht gegenüber den Finanzdienstleistern darstellen (Wundenberg, 2012).

Für Banken stellen die Mindestanforderungen an das Risikomanagement (MaRisk) diese zentrale Verwaltungsvorschrift dar. Die folgenden Darstellungen konzentrieren sich auf die Bankenvorschriften, sind aber aufgrund der hohen Redundanz mit den Mindestanforderungen an andere Branchen der Finanzwirtschaft (wie z. B. Versicherungen und Kapitalanlagegesellschaften) auch für diese relevant. Die MaRisk konkretisieren den § 25a KWG und sind die Umsetzung der qualitativen Anforderungen aus Basel II bzw. Basel III an das Risikocontrolling von Banken und die entsprechenden bankaufsichtlichen Überprüfungsprozesse in deutsches Recht (sogenannte „zweite Säule" von Basel II/III). Die MaRisk sind somit de facto eine verbindliche Auslegung des § 25a Abs. 1 KWG. Sie sollen der Aufsichtsbehörde eine konsistente Anwendung gegenüber den Finanzinstituten bzw. Versicherungen ermöglichen und Rechts- und Planungssicherheit schaffen. Die Einhaltung der MaRisk wird vom Abschlussprüfer im Rahmen der Jahresabschlussprüfung geprüft. Sie sind auch Gegenstand von Sonderprüfungen nach § 44 Abs. 1 KWG. Solche Prüfungen werden nach der Neufassung der Aufsichtsrichtlinie, die die Arbeitsteilung zwischen BaFin und Deutscher Bundesbank auf der Basis von § 7 KWG präzisiert, von Prüfern der Bundesbank durchgeführt. Auch der Einsatz von RPA unterliegt diesen Vorgaben, deren besonders relevante Regelungsinhalte nachfolgend im Detail betrachtet werden.

4.3.3.2 Detailanforderungen MaRisk

4.3.3.2.1 AT 2.2 Risiken/Risikoinventur

Zur Beurteilung der Wesentlichkeit von Risiken hat sich die Geschäftsleitung regelmäßig und anlassbezogen im Rahmen einer Risikoinventur einen Überblick über die Risiken des Instituts zu verschaffen (Gesamtrisikoprofil). Die Risiken sind auf der Ebene des gesamten

Instituts zu erfassen, unabhängig davon, in welcher Organisationseinheit die Risiken verursacht wurden.

Grundsätzlich sind zumindest die folgenden Risiken als wesentlich einzustufen:

- Adressenausfallrisiken (einschließlich Länderrisiken)
- Marktpreisrisiken,
- Liquiditätsrisiken und
- operationelle Risiken.

Mit wesentlichen Risiken verbundene Risikokonzentrationen sind zu berücksichtigen. Für Risiken, die als nicht wesentlich eingestuft werden, sind angemessene Vorkehrungen zu treffen.

Das Institut hat im Rahmen der Risikoinventur zu prüfen, welche Risiken die Vermögenslage (inklusive Kapitalausstattung), die Ertragslage oder die Liquiditätslage wesentlich beeinträchtigen können. Die Risikoinventur darf sich dabei nicht ausschließlich an den Auswirkungen in der Rechnungslegung sowie an formalrechtlichen Ausgestaltungen orientieren (BaFin, 2021).

Grundlage für ein erfolgreiches Risikomanagement ist somit die systematische Erfassung und Analyse aller für die Bank wesentlichen Risiken. Im Rahmen der Risikoinventur identifizieren, quantifizieren, beurteilen und dokumentieren die Banken ihre Risiken nach drei Dimensionen:

- Vermögenslage (inklusive Kapitalausstattung)
- Ertragslage
- Liquiditätslage.

Die Orientierung der Risikoinventur an den drei genannten Dimensionen gibt eine Hilfestellung hinsichtlich der Berücksichtigung einer als wesentlich beurteilten Risikoklasse in den Risikosteuerungs- und -controllingprozessen gem. AT 4.3.2 MaRisk. Die Beurteilung des Einflusses auf die Vermögenslage weist eine starke Verbindung zur ökonomischen Perspektive des Risikotragfähigkeits (RTF)-Konzepts auf. Die Wirkung eines Risikos auf die Dimension der Ertragslage, und damit indirekt auch auf die Kapitalausstattung der Zukunft, steht im Zusammenhang mit der Auswirkung auf die normative Perspektive der RTF. Eine Beurteilung entsprechend der Liquiditätslage verdeutlicht, ob und wie das Risiko im ILAAP wirkt und somit in der LTF angemessen berücksichtigt bzw. eingebunden wird.

Die Risikoinventur bildet somit den zentralen Baustein im Rahmen der Gesamtbank- und Risikosteuerung (European Banking Authority, 2014).

Zur frühzeitigen Identifikation von Risiken und risikoklassenübergreifenden Effekten haben die Banken bereits heute geeignete Indikatoren abgeleitet, die gewährleisten, dass die wesentlichen Risiken – auch aus ausgelagerten Aktivitäten und Prozessen – frühzeitig erkannt, vollständig erfasst und in angemessener Weise dargestellt werden können, sodass hier durch den RPA-Einsatz keine grundlegenden Ergänzungen der Inventursystematik erforderlich sind, sondern „lediglich" eine sachgerechte Berücksichtigung und Einbindung erforderlich ist.

> ▶   **Important** Mit dem Einsatz von RPA im Bankenbereich sind in erster Linie operationelle Risiken verbunden. Diese sind im Rahmen der sogenannten Risikoinventur zu identifizieren und zu beschreiben.

Der Begriff „Risikoinventur" betont die Notwendigkeit einer strukturierten Vorgehensweise mit entsprechender Dokumentation. Diese Inventur ist mindestens einmal im Jahr bzw. anlassbezogen auch unterjährig durchzuführen. Das Risikohandbuch, das als Rahmendokument neben den identifizierten Risiken auch Kernaussagen zu den Risikosteuerungs- und -controllingprozessen des Instituts zusammenfassend darstellt, ist die allgemein genutzte Möglichkeit zur Dokumentation der Inventurergebnisse. Die Inventur erfordert nach den expliziten Erwartungen der Aufsicht eine ganzheitliche Betrachtung, die verschiedene Einflussfaktoren berücksichtigt und über den Bilanzstichtag hinausgeht. Dabei erfolgt die Wesentlichkeitsprüfung in einem ersten Schritt anhand quantitativer Kennzahlen, die auf die Risikobedeutung in Relation zum Risikodeckungspotenzial abstellen. In einem zweiten Schritt wird die quantitative Wesentlichkeitsüberprüfung durch qualitative Betrachtungen ergänzt. Insbesondere im Hinblick auf den zweiten Schritt wird ein RPA-Einsatz hier im Rahmen der Risikoinventur zu würdigen sein. Die BaFin hat für diesen zweiten Prozessschritt bewusst den weiten Begriff „Beurteilung" anstelle von „Quantifizierung" oder „Messung" gewählt und folgt damit der sachgerechten Maxime „Lieber ungefähr und solide begründet richtig, als exakt kalkuliert daneben." (Hannemann et al., 2008):

Risiken sind dabei ausdrücklich als jede Form der Abweichung vom Erwartungswert, sei es negativ oder positiv, definiert (Gleißner & Romeike, 2005). Exemplarisch können beim Einsatz von RPA u. a. folgende Risiken schlagend werden (Brettschneider, 2020):

- Inkompatibilität von Drittsoftware mit dem Kernbanksystem und Kernbankprozessen von der Verwendung der korrekten Basisdaten bis hin zur Ablage von rechnungslegungs-, steuerungs- oder kontrollrelevanten Belegen im zentralen Dokumentenmanagementsystem des Instituts
- Systemische Fehler und Einzelfehler in der Programmierung und daraus resultierende Konsequenzen (Schadensfälle, Nachbearbeitungsbedarf, Produktionsunterbrechung)
- Risiko der Auswahl ungeeigneter Prozesse für den RPA-Einsatz (d. h. nicht hinreichend stabile und automatisierbare Prozesse)
- Chance bzw. Verzicht auf Erfahrungskurveneffekte
- Kostenrisiko (Aufwendungen für die Erweiterung der Systemlandschaft, durch Verwaltung der Zugriffsrechte/Prozessprotokollpflege, Dokumentationsaufwand, Freigabeaufwand)

- Unterschätzung der Know-how-Anforderungen (Unternehmen unterschätzen das IT-Fachwissen und die Infrastruktur, die für die Wartung und Feinabstimmung von RPA-Bots erforderlich sind.)
- Durch die Digitalisierung nimmt die Zahl der Schnittstellen zwischen Kreditinstituten und Dritten stark zu. Die Komplexität der IT-Infrastruktur steigt dadurch enorm. Dadurch vergrößern und vermehren sich auch die potenziellen Angriffsflächen, die Cyber-Kriminelle ausnutzen könnten. Daraus ergeben sich mittelbar Reputationsrisiken, wie beispielsweise aus der Nichteinhaltung von Datenschutzvorgaben (Universität Innsbruck, 2022)

Folgende Ausprägungen des operationellen Risikos dürften durch den Einsatz von RPA regelmäßig tangiert sein (parcIT, 2022):

Informations- und Kommunikationstechnologierisiko (IKT-Risiko)
Das IKT-Risiko definiert das Risiko von Verlusten aufgrund der Unzweckmäßigkeit oder des Versagens der Hard- und Software technischer Infrastrukturen, welche die Verfügbarkeit, Integrität, Zugänglichkeit und Sicherheit dieser Infrastrukturen oder von Daten beeinträchtigen können. Hier wird der RPA-Einsatz, soweit er Handeln von Mitarbeitern substituiert, zunächst geringfügig risikoerhöhend wirken. Zu beachten ist allerdings, dass auch mitarbeiterbezogene Prozessorganisation vielfältige Schnittstellen zu Hard- und Software zu organisieren und ein Change-Management zu gewährleisten ist, sodass in Summe nach erfolgreicher Implementierung im Vergleich Risikoneutralität erreicht werden dürfte.

Verhaltensrisiko
Unter Verhaltensrisiko in Instituten wird das Risiko in Folge der unangemessenen Erbringung von Leistungen verstanden, einschließlich von Schäden, die durch vorsätzliches oder fahrlässiges Verhalten verursacht werden. Hier wird der RPA-Einsatz durch die Automatisationseffekte im Ergebnis deutlich risikoreduzierend wirken.

Compliance-Risiko
Unter dem Compliance-Risiko wird die Nichterfüllung von gesetzlichen, aufsichtsrechtlichen Regelungen bzw. internen Regelungen aufgrund von unzureichenden Prozessen, fahrlässigem Handeln bzw. Fehlinterpretation verstanden. Zwar sind insbesondere mit dem erstmaligen Einsatz von RPA eine Reihe von externen und internen Vorgaben zu erfüllen. Hier gilt aber analog die Aussage zum IKT-Risiko, dass mit erfolgreicher Implementierung auch hier eine risikoneutrale Wirkung im Rahmen der Risikoinventur gegeben sein wird.

Weitere operationelle Risiken
Weitere operationelle Risiken sind insbesondere solche Risiken, die durch externe Einflüsse verursacht werden. Dies können zum Beispiel Naturkatastrophen, Kundenverhalten

und Rechtsrisiken ohne Bestandsschutz (Ungültigkeit von Vertragsbedingungen) sein. Diese Risiken sind in der Regel in ihrer Bewertung unabhängig vom RPA-Einsatz.

Darüber hinaus gibt es sogenannte **querschnittliche Risikoklassen**. Diese sind über alle Risikoklassen hinweg zu betrachten.

Relevant könnte im Sachzusammenhang hier insbesondere das **Reputationsrisiko** sein. Das Reputationsrisiko bezeichnet das Risiko einer möglichen Schädigung des Rufes des Institutes in der Öffentlichkeit mit Auswirkungen auf Ergebnis- sowie Substanzgrößen. Das Risiko materialisiert sich häufig in anderen Risikoklassen, hier in den operationellen Risiken und speziell im Hinblick auf die Folgen einer Nichteinhaltung von Datenschutzvorgaben. Auch hier dürften durch den RPA-Einsatz in Summe keine erhöhten Risiken zu konstatieren sein, da dem systemischen Datenschutzrisiko durch die Dienstleistereinbindung das individuelle Datenschutzrisiko aufgrund von Mitarbeiterversagen gegenübersteht.

▶ **Important** Zusammenfassend kann festgehalten werden, dass durch den zielgerichteten und systematisch vorbereiteten Einsatz von RPA, insbesondere durch die positiven Auswirkungen auf Risikoeintrittswahrscheinlichkeit und Risikobeherrschbarkeit, eine kumuliert risikoentlastende Wirkung zu erzielen sein dürfte. Zumindest eine Risikoerhöhung ist bei planvollem Vorgehen bei Implementierung und Betrieb nahezu ausgeschlossen.

In einem dritten und letzten Schritt sind die festgestellten wesentlichen Risiken auf Risikokonzentrationen hin zu analysieren. Die Untersuchung von Risikokonzentrationen erfolgt im Prozess der Risikoinventur für alle als wesentlich beurteilten Risiken. Risikokonzentrationen sind dabei auch mit Blick auf die Ertragssituation der Bank (Ertragskonzentrationen) zu berücksichtigen. Neben Risikopositionen gegenüber Einzeladressen, die allein aufgrund ihrer Größe eine Risikokonzentration darstellen, können Risikokonzentrationen sowohl durch den Gleichlauf von Risikopositionen innerhalb einer Risikoklasse („Intra-Risikokonzentrationen") als auch durch den Gleichlauf von Risikopositionen über verschiedene Risikoklassen hinweg (durch gemeinsame Risikotreiber oder durch Interaktionen verschiedener Risikotreiber unterschiedlicher Risikoklassen – „Inter-Risikokonzentrationen") entstehen (Hofer, 2011).

▶ **Important** Hier dürfte ein RPA-Einsatz allenfalls bei breitem Einsatz von im Hinblick auf die Gestaltung des Quellcodes identischen Modulen eines Anbieters in verschiedenen wesentlichen Risikobereichen der Bank in den Fokus zu nehmen sein. Da der Einsatz von RPA in der Praxis noch selektiv und für das jeweilige Einsatzfeld hochspezifiziert erfolgt, dürften hier somit tendenziell noch keine Risikokonzentrationen festzustellen sein.

Mit Blick auf die nähere Zukunft sollte folgendes Szenario jedoch nicht aus den Augen verloren werden: Dank neuer technischer Möglichkeiten und aufgrund des Wettbewerbsdrucks lagern Finanzinstitute verstärkt Systeme, Tätigkeiten oder Prozesse an branchen-spezifische IT-Dienstleister aus, um von den Kosten-Nutzen-Vorteilen skalierbarer IT-Dienste zu profitieren. Viele dieser IT-Dienstleister wiederum nutzen über mehrere Aus-lagerungsebenen hinweg die IT-Infrastruktur eines gemeinsamen dritten IT-Dienstleisters. Hierdurch könnte neben der ohnehin bereits hohen Zentralisierung durch die Verbund-rechenzentren eine weitere Konzentration von IT-Infrastruktur entstehen – zum Beispiel bei Cloud-Anbietern Universität Innsbruck (2022). Die auf dieser Basis zu identi-fizierende Risikokonzentration ist dann entsprechend den Anforderungen der MaRisk (vgl. exemplarisch AT 4.2 Tz. 2, AT 4.3.2 Tz. 2, AT 4.3.3 Tz. 1) aufzugreifen und zu ana-lysieren.

4.3.3.2.2 AT 4.2 Strategien

Ganz grundsätzlich kann jede Bank RPA sofort einsetzen – ohne irgendetwas an den eige-nen Strukturen zu ändern.

▷   **Important** Die Wahrscheinlichkeit für ein Scheitern einer solchen RPA Implemen-tierung ohne angemessene Vorbereitung ist, abgesehen von der damit verbundenen Nichteinhaltung aufsichtsrechtlicher Vorgaben und den daraus resultierenden Sank-tionen, jedoch mit an Sicherheit grenzender Wahrscheinlichkeit sehr hoch. Der Grund liegt hier in der mangelnden Kompatibilität zwischen Technologie und dem strategischen „Mindset" der Bank und ihrer Mitarbeiter (Lomanto, 2019).

Die Einführung von RPA bedeutet nicht nur, eine weitere Software zu kaufen. RPA ist eine Technologie, die mit einer strategischen Verankerung im tiefsten Fundament einer Bank verbunden sein muss, weil RPA dazu führt, dass Prozesse nicht nur überdacht, son-dern in aller Regel gänzlich neu gedacht werden müssen. Das fängt bei kleinen Änderun-gen, wie einem eigenen Postfach für den Rechnungseingang, an und führt zu größeren Ver-werfungen bisheriger Gewohnheiten. Zu Beginn eines RPA-Einsatzes sollte also eine stra-tegische Selbstvergewisserung stehen, in deren Zuge sämtliche Prozesse und Strukturen zuerst überdacht („Re-Thinking") und anhand nachfolgend exemplarisch aufgelisteter Kriterien auf RPA-Fähigkeit hin überprüft werden sollten (Allweyer, 2016):

* Stabilität des Prozessumfelds/Prozessreife/Robustheit des Prozesses
* Regelbasierungsgrad des Prozesses
* Komplexitätsgrad des Prozesses
* Transaktionsvolumen
* Anforderungen an die benötigten Datenstrukturen
* Wiederholungshäufigkeit des Prozesses
* Systemschnittstellenkomplexität
* Kostentransparenz des Prozesses
* Digitalisierungsgrad des Prozesses
* Fehlerrisiko des Prozesses.

Die danach für einen RPA-Einsatz ausgewählten Prozesse sind anschließend und im Zuge der RPA-Entwicklung den digitalen Möglichkeiten anzupassen („Re-Design").

▶   Important Vor dem Hintergrund dieses möglicherweise weitreichenden „Re-Thinkings" und „Re-Designs" der Bankprozesse kommt einer intensiven strategischen Vorarbeit, der daraus folgenden Ableitung strategischer Ziele und der dazu passenden Etablierung einer adäquaten RPA-Governance entscheidende Bedeutung zu. Die Schaffung eines strategischen „Mindsets" ist daher betriebswirtschaftliche und eben auch aufsichtsrechtliche Mindestanforderung an eine erfolgreiche RPA-Einführung, um das Risiko eines Scheiterns zu minimieren.

Diesem Risiko gilt es nicht nur im Interesse der Aufseher, sondern auch im Eigeninteresse der Bank durch klare strategische Vorgaben entgegenzuwirken:

Im Vorfeld einer Einführung sollte deshalb über folgende Aspekte unternehmensintern Einvernehmen erzielt und dieses auch entsprechend dokumentiert werden (Schmidt, 2020):

1. Vision
Zuerst muss ein Unternehmen eine Vision für RPA entwickeln. Welche Rolle soll RPA im Unternehmen spielen? In welchen Bereichen des Unternehmens soll die Technologie zum Einsatz kommen und welche Art von Prozessen sollen mit ihr automatisiert werden? Diese und andere Fragen, die helfen, eine Vision der Rolle und Funktion von RPA im Unternehmen zu entwickeln, müssen zuerst beantwortet werden. Die Antworten haben bereits Auswirkungen auf den zweiten Aspekt.

2. Fertigkeiten
Zweitens müssen Unternehmen, damit sie RPA erfolgreich implementieren können, über bestimmte Fähigkeiten verfügen. Das Identifizieren, Analysieren und Bewerten von Prozessen im Hinblick auf ihr Automatisierungspotenzial erfordert entsprechendes Know-how über die Möglichkeiten, Grenzen und Funktionalität der Technologie. Neben Entwickler- und Analysten-Fähigkeiten sind auch weitere Fertigkeiten wie Projekt-, Test- und Change-Management erforderlich. Unternehmen müssen analysieren, welche Art von Wissen und Fähigkeiten bereits vorhanden sind und wie sie die fehlenden Fähigkeiten der Organisation zur Verfügung stellen. Grundsätzlich gibt es zwei Möglichkeiten: Entweder baut das Unternehmen die fehlenden, aber notwendigen Fertigkeiten selbst auf, oder es kauft sie sich von externen Dienstleistern ein. Beide Möglichkeiten haben sowohl Vor- als auch Nachteile und müssen entsprechend abgewogen werden.

3. Organisation
Drittens müssen Unternehmen definieren, wer in der Organisation für RPA verantwortlich ist. Die Verantwortlichkeiten und die strukturelle Verankerung von RPA in der Organisation sind zentrale Erfolgsfaktoren für die Einführung und Umsetzung von RPA-Projekten. Unternehmen können ihre Automatisierungsprojekte zentral oder dezentral managen. Die

Projektplanung und -entwicklung von RPA-Initiativen kann ebenfalls dezentral in den Fachabteilungen erfolgen, aber auch konsolidiert, beispielsweise in einem entsprechenden Prozessteam mit Mitarbeitern aus verschiedenen Funktionsbereichen (Excellence-Center). Entscheidungen über die organisatorische Verankerung wirken sich langfristig auf die Skalierbarkeit von RPA im gesamten Unternehmen aus und haben einen wesentlichen Einfluss auf die Komplexität und Abhängigkeiten zukünftiger RPA-Projekte.

Definition von Erfolgsmesskennzahlen (Key Performance Indicators)

Schließlich müssen Unternehmen den Erfolg von RPAs messen. Es ist zwingend notwendig, dass Unternehmen Kennzahlen und Prozesse zu deren Erhebung und Auswertung definieren. Nur so können Unternehmen feststellen, ob RPA tatsächlich erfolgreich ist. Im besten Fall überprüfen die festgelegten Kennzahlen den Fortschritt im Hinblick auf die definierte Vision. Einfach die Anzahl der automatisierten Prozesse zu erheben und mehr Prozesse als positiven und weniger Prozesse als negativen Indikator zu bestimmen, wird der Technologie und ihren strategischen Aspekten nicht gerecht.

Entsprechend den Vorgaben der MaRisk hat die Geschäftsleitung diesen Festlegungen in die nachhaltige Geschäftsstrategie des Instituts aufzunehmen, in der die Ziele des Instituts für jede wesentliche Geschäftsaktivität sowie die Maßnahmen zur Erreichung dieser Ziele dargestellt werden. Bei der Festlegung und Anpassung der Geschäftsstrategie sind zudem sowohl externe Einflussfaktoren (z. B. Marktentwicklung, Wettbewerbssituation, regulatorisches Umfeld) als auch interne Einflussfaktoren (z. B. Risikotragfähigkeit, Liquidität, Ertragslage, personelle und technisch-organisatorische Ressourcen) zu berücksichtigen (Hofer, 2011). Im Hinblick auf die zukünftige Entwicklung der relevanten Einflussfaktoren sind Annahmen zu treffen. Die Annahmen sind einer mindestens jährlichen und anlassbezogenen Überprüfung zu unterziehen; erforderlichenfalls ist die Geschäftsstrategie anzupassen.

Die Geschäftsleitung hat eine mit der Geschäftsstrategie und den daraus resultierenden Risiken konsistente Risikostrategie festzulegen. Die Risikostrategie hat, ggf. unterteilt in Teilstrategien für die wesentlichen Risiken, die Ziele der Risikosteuerung der wesentlichen Geschäftsaktivitäten sowie die Maßnahmen zur Erreichung dieser Ziele zu umfassen. Insbesondere ist, unter Berücksichtigung von Risikokonzentrationen, für alle wesentlichen Risiken der Risikoappetit des Instituts festzulegen. Risikokonzentrationen sind dabei auch mit Blick auf die Ertragssituation des Instituts (Ertragskonzentrationen) zu berücksichtigen. Dies setzt voraus, dass das Institut seine Erfolgsquellen voneinander abgrenzen und diese quantifizieren kann, z. B. im Hinblick auf den Konditionen- und den Strukturbeitrag im Zinsbuch (BaFin, 2021).

Gerade die vor dem Hintergrund der Pandemienachwirkungen, der aktuellen geopolitischen, transformatorischen und nachhaltigen Herausforderungen sowie der stetigen regulatorischen Neuregelungen von der Aufsicht angeforderte (Neu-)Bewertung der Geschäftsmodelle macht aus strategischer Sicht auch eine intensive Auseinandersetzung mit den Produktionsprozessen erforderlich. Die Aufsicht erwartet hier Kalkulationen im

Hinblick auch auf die betriebswirtschaftliche Tragfähigkeit des Geschäftsmodells. Dazu gehören in jedem Fall auch funktionierende und sachgerechte Prozesskostenrechnungen.

Verschiedene strategische Schwerpunktsetzungen sind in diesem Zusammenhang denkbar: Automatisierung und RPA-Einsatz zahlen auf das Thema Prozesseffizienz ein. Mit der Automatisierung und dem RPA-Einsatz geht parallel häufig auch eine Reduktion des Produktangebotes und/oder der Produktvarianten einher. Durch die Standardisierung reduziert sich in aller Regel auch die Prozesskomplexität. Das wiederum ist ein direkt für die Mitarbeiter erfahrbarer Mehrwert.

Auch im Hinblick auf das Ziel Kundenfokus gibt es positive Ausstrahlungswirkungen bei der strategischen Entscheidung zur verstärkten Automatisierung: Der Grad der Automatisierung kann bedarfsgerecht nach Kundensegmenten differenziert werden. Gleichzeitig für eine entsprechende Automatisierung zur Fehlerreduzierung und damit mittelbar auch zur Verbesserung der Kundenzufriedenheit.

Nachfolgend einige Beispiele für den Anforderungen der Aufsicht genügende strategische Zielformulierungen im Zusammenhang mit der RPA-Nutzung: „Es ist unser Ziel bis zum Jahr 2030 50 % der produzierenden Tätigkeiten unserer Bank zu automatisieren."

Eine weitere exemplarische strategische Vorgabe kann es sein, sich von den RPA-Kooperationspartnern durchgängig definierte Sicherheitsstandards ihrer RPA-Module garantieren und nachweisen zu lassen. Diese dürfen keinerlei (negativen) Einfluss auf die Datenbestände der Bank und auf die bestehende IT-Landschaft nehmen.

▶ **Important** Um dem RPA-Einsatz ganzheitlich das Feld zu bereiten, ist es nicht nur aufsichtsrechtlich erforderlich, das Thema in der Geschäfts- und oder Risikostrategie zu verankern, sondern mindestens ebenso wichtig, das geplante Vorgehen seitens der Unternehmensleitung zu einem Kulturthema der Bank zu machen. Denn gerade der „Tone from the Top" entscheidet darüber, wie die Strategien in der Bank final umgesetzt werden (Glaser, 2019).

Abschließend soll noch ein weiterer, zumindest nach Ansicht der BaFin, wesentlicher strategischer Aspekt in diesem Zusammenhang betrachtet werden: Das im Kapitel „Risikoinventur" beschriebene Szenario einer Risikokonzentration bei (Cloud)-Anbietern im Zusammenhang mit RPA-Einsatz, könnte sich für Banken wie für deren Aufseher in Konsequenz zu einem strategischen Risiko ausweiten: Durch die beschriebenen Auslagerungen könnten die Cloud-Anbieter auf die Daten und Geschäftsideen ihrer Kundinnen und Kunden, der beaufsichtigten Finanzinstitute, zugreifen. Dadurch könnten sie zunehmend weitere Teile der IT sowie Finanzdienste selbst anbieten. So könnte sich die Kontrolle nicht nur über die IT-Infrastruktur, sondern auch sukzessive über die Finanzdienstleistungslandschaft auf Big-Tech-Unternehmen verschieben. Banken und andere Finanzinstitute würden so auf eine risikotragende Hülle reduziert, während die Produkte und Dienstleistungen im aufsichtsfreien Raum produziert würden. Diesem aufsichtsseitig in einem Höchstmaß unerwünschten Risiko gilt es durch frühzeitige strategische Festlegungen entgegenzuwirken, die zumindest auf Ebene der jeweiligen

Finanzverbünde eine möglichst weitgehende Autonomie hinsichtlich Know-how und technischer Ausstattung gewährleisten sollten.

4.3.3.2.3 AT 4.3 IKS

In jedem Institut sind entsprechend Art, Umfang, Komplexität und Risikogehalt der Geschäftsaktivitäten

- Regelungen zur Aufbau- und Ablauforganisation zu treffen,
- Risikosteuerungs- und -controllingprozesse einzurichten und
- eine Risikocontrolling-Funktion und eine Compliance-Funktion zu implementieren (BaFin, 2021).

Bei der Ausgestaltung der Aufbau- und Ablauforganisation ist sicherzustellen, dass miteinander unvereinbare Tätigkeiten durch unterschiedliche Mitarbeiter durchgeführt und auch bei Arbeitsplatzwechseln Interessenkonflikte vermieden werden. Beim Wechsel von Mitarbeitern der Handels- und Marktbereiche in nachgelagerte Bereiche und Kontrollbereiche sind für Tätigkeiten, die gegen das Verbot der Selbstprüfung und -überprüfung verstoßen, angemessene Übergangsfristen vorzusehen.

Prozesse sowie die damit verbundenen Aufgaben, Kompetenzen, Verantwortlichkeiten, Kontrollen sowie Kommunikationswege sind klar zu definieren und aufeinander abzustimmen. Berechtigungen und Kompetenzen sind nach dem Sparsamkeitsgrundsatz (Need-to-know-Prinzip) zu vergeben und bei Bedarf zeitnah anzupassen. Dies beinhaltet auch die regelmäßige und anlassbezogene Überprüfung von IT-Berechtigungen, Zeichnungsberechtigungen und sonstigen eingeräumten Kompetenzen innerhalb angemessener Fristen. Die Fristen orientieren sich dabei an der Bedeutung der Prozesse und, bei IT-Berechtigungen, dem Schutzbedarf verarbeiteter Informationen. Das gilt auch bezüglich der Schnittstellen zu wesentlichen Auslagerungen.

▶   **Important** Insbesondere die Vorgaben zur Aufbau- und Ablauforganisation erfordern im Vor- und Umfeld eines RPA-Einsatzes besondere Aufmerksamkeit und in aller Regel auch einen höheren Umsetzungsaufwand.

Diese Regelungen und die daraus abgeleiteten Gestaltungsprinzipien stehen daher im Fokus der folgenden Ausführungen:

Übergreifend zu beachten bei der Gestaltung der Aufbauorganisation ist die Anforderung einer „angemessenen und transparenten Unternehmensstruktur …, die sich an den Strategien des Unternehmens ausrichtet und der für ein wirksames Risikomanagement erforderlichen Transparenz der Geschäftsaktivitäten des Instituts Rechnung trägt …". Diese ergibt sich aus der Gesamtverantwortung der Geschäftsleiter für eine ordnungsgemäße Geschäftsorganisation (vgl. § 25c Abs. 3 Nr. 4 KWG sowie AT 3 MaRisk). Gefordert wird u. a. auch, dass „im Rahmen der Aufbau- und Ablauforganisation Verantwortungsbereiche klar abgegrenzt werden, wobei wesentliche Prozesse und damit verbundene Aufgaben,

Kompetenzen, Verantwortlichkeiten, Kontrollen sowie Kommunikationswege klar zu definieren sind und sicherzustellen ist, dass Mitarbeiter keine miteinander unvereinbaren
Tätigkeiten ausüben" (vgl. § 25c Abs. 4a Nr. 3 lit. a KWG).

Auch im Zusammenhang mit dem RPA-Einsatz sind die nachfolgend beschriebenen
Konkretisierungen zwingend zu gewährleisten:

Die konkreteren Anforderungen an die Aufbau- und Ablauforganisation werden in den
MaRisk mit BTO Tz. 1 eingeleitet, welche eine generelle Öffnungsklausel („in Abhängigkeit von der Größe, den Geschäftsschwerpunkten und der Risikosituation") enthält. Die
entsprechenden Spezifizierungen erfolgen in den Textziffern und Erläuterungen des BTO
1.1 und BTO 2.1. Das in AT 4.3.1 Tz. 1 allgemein beschriebene Vier-Augen-Prinzip zur
Vermeidung von Interessenkonflikten wird an verschiedenen Stellen der MaRisk konkretisiert, zum Beispiel in BTO 1.2.3 Tz. 1 für den Kreditprozess. Danach sind für die Kredit-
bearbeitung prozessabhängige Kontrollen einzurichten. Beide Funktionen (Bearbeitung
und Kontrolle) können in einer Stelle angesiedelt sein, solange die Stelle aus mindestens
(diesen) zwei Personen besteht.

Die MaRisk benennen namentlich folgende Stellen:

• Rechnungswesen (BTO Tz. 7),
• Rechtsabteilung (BTO Tz. 8),
• Personalabteilung (BTO 1.1 Tz. 1 Erläuterung).

Das von den MaRisk in einigen Textziffern verlangte „institutionalisierte Vier-Augen-
Prinzip" findet sich beispielsweise in BTO Tz. 8 wieder, nach der wesentliche Rechtsrisiken grundsätzlich in einer vom Markt und Handel unabhängigen Stelle (z. B. der
Rechtsabteilung) zu überprüfen sind. Wenn sich die Bearbeitung der Kredit- und Handels-
geschäfte wie beim RPA-Einsatz in Teilbereichen auf IT-Systeme stützt, muss sich die
durch die MaRisk geforderte Funktionstrennung auch in der Ausgestaltung dieser Systeme widerspiegeln. Die Anwendungen auf der IT-Ebene dürfen nicht dazu führen, dass
die Grundidee der Funktionstrennung verletzt wird. Dies ist nach BTO Tz. 9 durch die Implementierung entsprechender systemseitiger Verfahren und Schutzmaßnahmen sicherzustellen. Als entsprechende Verfahren und Schutzmaßnahmen können dabei z. B. zur Anwendung kommen:

• Zugriffsicherung (z. B. passwortgeschützte Benutzung),
• Rollen- und Rechtekonzeptionen oder
• Protokollierung und Auswertung sicherheits- und betriebsrelevanter Ereignisse
  (Sicherheitsüberwachung).

Solche Sicherheitsmaßnahmen sollten in ein umfassendes Informationssicherheitskonzept
eingebunden sein. In Anknüpfung an die Funktionstrennung und die klare Definition von
Kompetenzen und Verantwortlichkeiten sehen die MaRisk in AT 4.3.1 Tz. 2 vor, dass im Institut Prozesse festzulegen sind für die regelmäßige und anlassbezogene Überprüfung von

- IT-Berechtigungen,
- Zeichnungsberechtigungen und
- Sonstigen eingeräumten Kompetenzen (z. B. Handels- oder Budgetkompetenzen)

Der Turnus für die regelmäßige Überprüfung der vergebenen Berechtigungen und Kompetenzen sollte in Abhängigkeit des mit den Berechtigungen verbundenen Risikos gewählt werden. Maßstab ist hier übergreifend die Bedeutung der Prozesse sowie bei IT-Berechtigungen der Schutzbedarf der in den betreffenden Systemen verarbeiteten Informationen. Im Mittelpunkt stehen mögliche Schäden, die vom Missbrauch einer fälschlicherweise zugewiesenen Berechtigung oder Kompetenz ausgehen können. Hierbei kann etwa auf die Risikoinventur gemäß AT 2.2 Tz. 1 oder die Schutzbedarfsfeststellung gemäß AT 7.2 Tz. 4 MaRisk und den BAIT zurückgegriffen werden, um das mit einer einzelnen Berechtigung verbundene Risiko einzuschätzen.

Nach der Erläuterung zu AT 4.3.1 Tz. 2 muss bei wesentlichen IT-Berechtigungen und Zeichnungsberechtigungen in Verbindung mit Zahlungsverkehrskonten ein Mindestturnus von maximal einem Jahr gewählt werden. Dazu gehören auch sonstige Berechtigungen, die für Buchungen bzw. die Freigabe von Buchungen genutzt werden können. Bei besonders kritischen IT-Berechtigungen ist spätestens jedes halbe Jahr eine routinemäßige Überprüfung vorzunehmen. Beispiele für besonders kritische IT-Berechtigungen sind neben den in der BaFin-Erläuterung genannten Administratorenrechten der Zugang zu einem Handelssystem und sogenannte technische Benutzer. Für andere, nachweislich nicht-wesentliche Systeme und sonstige eingeräumte Kompetenzen, ist ein Überprüfungsrhythmus von bis zu drei Jahren ausreichend. Dies betrifft jedoch nur solche Berechtigungen und Kompetenzen, aus deren bewusstem oder versehentlichem Missbrauch keine wesentlichen Risiken entstehen können. Eine anlassbezogene Überprüfung der Berechtigungen und Kompetenzen ist beispielsweise erforderlich, wenn ein Mitarbeiter andere Aufgaben übernimmt (vgl. auch AT 4.3.1 Tz. 1), oder wenn es zu Veränderungen innerhalb der IT-Systeme kommt (vgl. hierzu auch später die konkretisierenden BAIT Anforderungen).

Auch bei der Entwicklung und Änderung programmtechnischer Vorgaben bei IT-Systemen (wie RPA es sind) sind Funktionstrennungsaspekte zu beachten:

Bei jeder Planung sollten frühzeitig Tests durchgeführt werden, die zum einen die fachliche Funktionalität der IT-Anwendung bzw. des IT-Systems, zum anderen aber auch die Wirksamkeit der IT-Sicherheitsmaßnahmen und deren Verträglichkeit mit dem Betrieb sicherstellen.

▶   **Important** Der Einsatz von RPA in Banken hat auf der Grundlage eines geregelten Programmfreigabeverfahrens (PFV) zu erfolgen. Der Umfang und die Gestaltung des PFV kann je nach der Schutzbedarfsfeststellung abgestuft gestaltet werden.

Die Tests (Hard- und Software) sollten in Umgebungen durchgeführt werden, die grundsätzlich von der Produktionsumgebung getrennt sind. Der Übergang zur Produktion sollte durch eine Endabnahme (Freigabe) erfolgen, die auch die sicherheitstechnischen Aspekte berücksichtigt. Die Tests sowie die Freigabe müssen entsprechend dokumentiert werden.

▶   **Important** Für die Tests und die Freigabe ist ein Regelprozess einzuführen.

Dieser bezieht sich auch auf die Entwicklung sowie die Implementierung des RPA in die Produktionsprozesse. Ein solcher Regelprozess ist im Regelfall bereits aus betriebswirtschaftlichen Gründen im Institut etabliert. In den BAIT werden die Anforderungen weiter konkretisiert (BaFin, 2017). Danach sind die Vorgaben zur Identifizierung aller von Endbenutzern des Fachbereichs entwickelten oder betriebenen Anwendungen, zur Dokumentation, zu den Programmierrichtlinien und zur Methodik des Testens, zur Schutzbedarfsfeststellung und zum Rezertifizierungsprozess der Berechtigungen vom Institut z. B. in einer IDV-Richtlinie zu regeln.

4.3.3.2.4 AT 5 Organisationsrichtlinien

Die Mindestanforderungen an die schriftlich fixierte Ordnung sind in AT 5 der MaRisk festgelegt (BaFin, 2021):

Das Institut hat sicherzustellen, dass die Geschäftsaktivitäten auf der Grundlage von schriftlich fixierten und bekanntgemachten Organisationsrichtlinien betrieben werden (z. B. Handbücher, Arbeitsanweisungen oder Arbeitsablaufbeschreibungen). Der Detaillierungsgrad der Organisationsrichtlinien hängt von Art, Umfang, Komplexität und Risikogehalt der Geschäftsaktivitäten ab, muss aber so konkret sein, dass der Revision ein unmittelbarer Eintritt in die Sachprüfung ermöglicht wird.

Dem Kreditinstitut bleibt es hierbei überlassen, die Art der Darstellung festzulegen. Der Detaillierungsgrad der Organisationsrichtlinien muss dabei aber in Abhängigkeit gesetzt werden zu Art, Umfang, Komplexität und Risikogehalt der jeweiligen Geschäftsaktivitäten des Instituts. Zur Erfüllung der Anforderungen an dokumentierte Organisationsrichtlinien kann ein Institut auch Dokumente heranziehen, die durch Dritte erstellt wurden (beispielsweise von einem zentralen Dienstleister bereitgestellte Beschreibungen von ausgelagerten Prozessen oder aber, wie im Fall des RPA-Einsatzes, bestimmte Ablaufbeschreibungen im Zusammenhang mit der eingesetzten Software). Extern erstellte Dokumente sollten vom Institut risikoorientiert geprüft, bei Bedarf an individuelle Gegebenheiten angepasst und ggf. in die eigenen Organisationsrichtlinien übernommen werden. Ein reiner Verweis auf die Dokumentation innerhalb einer externen Datenbank oder Anwendung bzw. auf die Dokumentation beim Auslagerungsunternehmen ist zumindest bei unter Risikogesichtspunkten wesentlichen Regelungen bzw. Festlegungen, unter die auch die Regelungen zum RPA-Einsatz fallen sollten, nicht ausreichend.

▶   **Important** Das Institut sollte hinsichtlich der Darstellung der Organisationsrichtlinien darauf achten, dass diese zum einen sachgerecht und zum anderen nachvollziehbar für seine Mitarbeiter formuliert sind. Das bedeutet, dass Sachverhalte,

Abläufe und Prozesse konkretisiert werden müssen. Gerade im Zusammenhang mit den beim RPA-Einsatz typischen Fachspezifika stellt dies eine Herausforderung dar.

Die MaRisk stellen bestimmte Anforderungen an die Organisationsrichtlinien. Die Richtlinien müssen schriftlich fixiert, bei Veränderungen der Aktivitäten und Prozesse zeitnah angepasst, den betroffenen Mitarbeitern in geeigneter Weise bekannt gemacht und den Mitarbeitern in der jeweils aktuellen Fassung zur Verfügung gestellt werden.

Die Organisationsrichtlinien haben vor allem Folgendes zu beinhalten:

- Regelungen für die Aufbau- und Ablauforganisation sowie zur Aufgabenzuweisung, Kompetenzordnung und zu den Verantwortlichkeiten,
- Regelungen hinsichtlich der Ausgestaltung der Risikosteuerungs- und -controlling- prozesse,
- Regelungen zu den Verfahren, Methoden und Prozessen der Aggregation von Risiko- daten (bei bedeutenden Instituten),
- Regelungen zur Internen Revision,
- Regelungen, die die Einhaltung rechtlicher Regelungen und Vorgaben (z. B. Daten- schutz, Compliance) gewährleisten,
- Regelungen zu Verfahrensweisen bei Auslagerungen,
- abhängig von der Größe des Instituts sowie der Art, dem Umfang, der Komplexität und dem Risikogehalt der Geschäftsaktivitäten, einen Verhaltenskodex für die Mitarbeiter (BaFin, 2021).

Im Zusammenhang mit RPA ist nach der strategischen Dimension, der Regelung von Ver- antwortlichkeiten und der strukturellen Verankerung von RPA in der Aufbauorganisation besonderes Augenmerk auf die detaillierte Beschreibung und Regelung folgender Schnitt- stellen zu legen:

- Gestaltung der Übergabepunkte mitarbeiterbasierter Prozessteile an den RPA- Prozessteil und zurück
- Gestaltung der Übergabepunkte von Daten und Datenhoheit an externen Dienstleister und zurück (sofern relevant).

4.3.3.2.5 AT 6 Dokumentation

Geschäfts-, Kontroll- und Überwachungsunterlagen sind systematisch und für sach- kundige Dritte nachvollziehbar abzufassen und grundsätzlich fünf Jahre aufzubewahren. Die Aktualität und Vollständigkeit der Aktenführung ist sicherzustellen (BaFin, 2021).

Die wesentlichen Handlungen und Festlegungen sind nachvollziehbar zu dokumentie- ren. Dies beinhaltet auch Festlegungen hinsichtlich der Inanspruchnahme wesentlicher Öffnungsklauseln, die ggf. zu begründen ist.

Den Instituten werden durch die Öffnungsklauseln der MaRisk vielfältige Ge- staltungsspielräume eingeräumt, die deren Eigenverantwortung stärken. Zudem sind die

Anforderungen sehr offen formuliert, sodass den Instituten Gestaltungsspielraum für institutsindividuelle Lösungen gegeben wird. Die gerade beim RPA-Einsatz regelmäßig gefundenen institutsindividuellen Lösungen müssen jedoch sicherstellen, dass die Abschluss- und Sonderprüfer sich ein Bild von der Risikosituation des Instituts und den ergriffenen Risikosteuerungs- und Controllingverfahren machen können.

Die Geschäfts-, Kontroll- und Überwachungsunterlagen sind systematisch und für sachverständige Dritte nachvollziehbar abzufassen und aufzubewahren.

Die grundsätzliche Aufbewahrungsfrist wurde im Zuge der fünften MaRisk-Novelle vom 27. Oktober 2017 von zwei Jahren auf fünf Jahre angehoben. Die Fünf-Jahres-Frist entspricht der Regelung aus § 25a Abs. 1 Satz 6 Nr. 2 KWG.143 Aus dem Zusatz „grundsätzlich" wird erkennbar, dass spezifische Regelungen im Rahmen anderer Gesetze oder Verordnungen vorrangig gelten. Weiterhin sind die für die Einhaltung dieses Rundschreibens wesentlichen Handlungen und Festlegungen (für Sachkundige) nachvollziehbar zu dokumentieren. Dies beinhaltet auch Festlegungen hinsichtlich der Inanspruchnahme wesentlicher Öffnungsklauseln, die in der Regel zu begründen sind.

Die Dokumentation der wesentlichen Entscheidungen, Prozesse und Verfahren dient in erster Linie dazu,

- die institutsindividuellen Regelungen aufeinander abzustimmen,
- den Prüfungsinstanzen einen Einblick in die institutsspezifischen Gegebenheiten und Entscheidungen zu ermöglichen,
- eine Basis zur Beurteilung der ordnungsgemäßen Geschäftsorganisation nach § 25a KWG zu legen und nicht zuletzt
- die strukturierte und effiziente Einarbeitung neuer Mitarbeiter zu erleichtern.

Grundsätzlich sollten bei der Erstellung und Pflege der Dokumentationen folgende Grundsätze berücksichtigt werden:

1. Es müssen alle wesentlichen Handlungen und Festlegungen zur Erfüllung der MaRisk dokumentiert werden (vgl. AT 6 Tz. 2).
2. Die Dokumentationen müssen für sachverständige Dritte nachvollziehbar sein. Dies bedeutet, dass (fachliche und methodische) Kenntnisse vorausgesetzt werden können.
3. Es wird nicht gefordert, dass die Dokumentationsunterlagen den Charakter von Schulungs- oder Nachschlagewerken haben. Form (elektronisch oder physisch), Darstellung (tabellarisch, Fließtext oder grafisch) sowie die Detailtiefe der Dokumentation werden von den MaRisk nicht vorgegeben. Hier sollten institutsindividuelle Lösungen festgelegt werden, welche auch die hierzu notwendigen Ressourcenaufwendungen berücksichtigen.
4. Es sollten Doppeldokumentationen vermieden werden. Die Festschreibung von Entscheidungen, Anweisungen oder Terminen muss nur an einer Stelle erfolgen. Gegebenenfalls ist aus Gründen der (Gesamt-)Systematik ein Verweis auf andere Doku-

mentationen erforderlich. Eine Metadokumentation (Dokumentation über Dokumentationen) wird durch die MaRisk nicht gefordert.
5. Alle Geschäfts-, Kontroll- und Überwachungsunterlagen sind (vorbehaltlich gesetzlicher Regelungen) grundsätzlich fünf Jahre aufzubewahren.

Für die praktische Umsetzung empfiehlt sich die Übernahme der gesetzlichen Auf-
bewahrungsfristen in die für das Institut relevanten Arbeitsanweisungen.

Als Medien zur Erfüllung der Dokumentationsanforderungen können demnach dienen:

- Strategien,
- Organisationsrichtlinien und ggf. Rahmenbedingungen,
- Arbeits- bzw. Dienstanweisungen,
- Prozessbeschreibungen,
- Handbücher (z. B. Risikohandbücher),
- Protokolle von Vorstandsentscheidungen,
- Risikoberichte etc.

Auch bezüglich der Inhalte sind die MaRisk sehr offen formuliert. In der Regel werden
sich Dokumentationen an den wesentlichen Fragen „Was?", „Wann?" und „Wer?"
orientieren.

Was?
Das „Was" konkretisiert den Inhalt der Festlegung oder Entscheidung. Dazu gehören z. B.:

- Festlegung von Definitionen,
- Festlegung von Parametern und Annahmen
- Kompetenz- und Eskalationsregelungen
- Festlegungen zur Funktionstrennung
- Festlegung und Begründung der wesentlichen Risiken.

Wann?
Die MaRisk fordern von den Instituten die individuelle Festlegung von Terminen, Fristen
und Perioden.

Wer?
Schließlich müssen im Rahmen der MaRisk Verantwortlichkeiten festgelegt werden. Dies
betrifft in erster Linie die Votierungs- und Entscheidungskompetenzen im Kreditgeschäft.
Aber auch in anderen Bereichen muss klar geregelt werden, welche Stelle welche Aufgaben zu erfüllen hat.

Im Zusammenhang mit den hochspezifischen Überlegungen und Festlegungen im Zusammenhang mit dem Einsatz von RPA sollte es im ureigensten Interesse des anwendenden Instituts liegen, für jeden Artefakt über den gesamten Lebenszyklus von

- Idee
- Anforderungskatalog
- Konzeption
- Entwicklung
- Test
- Produktiver Betrieb bis hin zur
- Außerbetriebnahme (Petersen & Schröder, 2020).

eine lückenlose Dokumentation sicherstellen zu können. Auch für diese Dokumentation selbst sollte ein angewiesenes Standardvorgehen existieren. Dabei ist auf eine hinreichende Funktionstrennung bezüglich Erstellung und Freigabe dieser Dokumente besonderes Augenmerk zu legen.

Dabei müssen folgende Prüffragen zur Organisation durch die Dokumentation mindestens beantwortbar sein:

- Auf welcher strategischen Basis fußt die Entwicklungsidee?
- Wer stellt die Anforderung?
- Wird zugekauft oder selbst entwickelt?
- Gibt es Entwicklungsrichtlinien?
- Gibt es eine hinreichende Zahl von Entwicklungsusern?
- Wie wird getestet?
- Gib es Freigabeverfahren und wie sind diese dokumentiert?
- Gibt es einen Einführungsfahrplan für das Arbeiten mit Massendaten?
- Ist ein Standardvorgehen definiert?
- Gibt es ein definiertes Ende des Artefakts?

Im Rahmen des Risikomanagements sind insbesondere die vorgesehenen Soll-Anforderungen mit den umgesetzten Sicherungsmaßnahmen abzugleichen und verbleibende Risiken zu identifizieren sowie angemessen zu steuern. Die Entscheidung der Risikotragfähigkeit obliegt den fachlich Verantwortlichen (Kokert & Held, 2013).

Auf Gesamtbankebene sollte zudem insbesondere zur Schaffung der notwendigen Transparenz folgende aufsichtsrechtliche Erwartungshaltung durch Schaffung einer angemessenen Dokumentationsgrundlage erfüllt werden:

Mit Fokus auf die Informations- und Kommunikationstechnologie fordert der Digital Operational Resilience Act (DORA) ein Informationsregister mit allen Vertragsbeziehungen, die mit der Nutzung von IKT-Dienstleistungen in Verbindung stehen. Der Begriff der „Auslagerung" wird erweitert durch „IKT-Vertragsbeziehungen" und vervollständigt die Sektorlandkarte. DORA sieht die Einführung eines umfassenden Rechtsrahmens auf EU-Ebene vor, der Vorschriften zur digitalen Betriebsstabilität für alle beaufsichtigten Finanzinstitute enthält (Europäische Kommission, 2020). Der Vorschlag wird aktuell im Rahmen des europäischen Gesetzesgebungsprozesses verhandelt und wird voraussichtlich im Laufe des Jahres 2023 in Kraft treten. Zielführend auch im Sinne der Schaffung eigener Transparenz dürfte es sein, eine solche Dokumentationsbasis bereits heute aus eigenem Antrieb zu schaffen.

Die Aufsicht beobachtet die mit einem RPA-Einsatz verbundene Fragmentierung von Wertschöpfungsketten zwar tendenziell skeptisch und hat sich auf Basis der Erkenntnisse eines Forschungsteams der Universität Innsbruck folgende Empfehlungen formulieren lassen, um diesen Herausforderungen aus ihrer Sicht angemessen zu begegnen (Universität Innsbruck, 2022):

I. Umfassende Sektorlandkarte erstellen
Das Forschungsteam der Universität Innsbruck empfiehlt, die Beziehungen und Abhängigkeiten zwischen Finanzinstituten, IT-Dienstleistern und weiteren Akteuren sowie die hierdurch entstehenden Konzentrationsrisiken zu identifizieren. Hierfür sollte die Aufsicht alle Auslagerungen (nicht nur die wesentlichen) erfassen sowie die Subdienstleister vollständig in die Betrachtung einbeziehen – inklusive ihrer Abhängigkeit voneinander. Optimalerweise erfasst die Aufsicht dabei auch die dynamischen Abhängigkeiten über das reine Vertragsverhältnis hinaus. Diese Analyse könnte in einer Sektorlandkarte dargestellt werden.

Eine solche Sektorlandkarte sollte auch prozessuale Abhängigkeiten darstellen (activity-based approach). Um die Komplexität zu reduzieren, sollte die Aufsicht die Prozessdefinitionen einheitlich vorgeben.

II. Enger mit den Datenschutzbehörden und der Wettbewerbsaufsicht zusammenarbeiten
Die Ziele der IT-Aufsicht überschneiden sich zum Teil mit denen der Datenschutzbehörden – etwa, was Sicherheitsziele wie Vertraulichkeit und Integrität anbelangt. Die Universität Innsbruck empfiehlt daher eine engere Zusammenarbeit der zuständigen Behörden. Dasselbe sollte auch für die Kooperation der BaFin mit der Wettbewerbsaufsicht gelten. Auf diese Weise könnten die Behörden die zunehmende Konzentration von IT-Infrastruktur und Marktmacht auf einzelne Unternehmen noch besser beobachten und gegebenenfalls Maßnahmen ergreifen, wenn sie systemische Risiken für die Finanzstabilität identifizieren.

III. Tatsächliche Nutzung und Schwachstellen von PSD2-Schnittstellen analysieren
Aus Sicht des Forschungsteams gibt es bereits ein Instrument, mit dem sich untersuchen lässt, wie die beaufsichtigten Institute mit ihren Dienstleistern interagieren und welche Abhängigkeiten hierdurch entstehen: die Analyse der Nutzung der Schnittstellen, welche durch die Zweite Zahlungsdiensterichtlinie (Payment Service Directive – PSD2) entstanden sind.

Zusätzlich empfiehlt das Forschungsteam der Aufsicht, die Sicherheit der von den Zahlungsdienstleistern genutzten Zertifikate für die PSD2-Schnittstellen zu prüfen – beispielsweise, indem die BaFin testweise mit gefälschten sowie mit echten, aber widerrufenen eIDAS-Zertifikaten auf diese Schnittstellen zugreift. Das Kürzel eIDAS steht für electronic Identification, Authentication and Trust Services. Eine weitere Idee: Die Aufsicht könnte Bug Bounties fördern – also Wettbewerbe, in denen sich die Teilnehmenden auf Schwachstellensuche begeben. Aktuell machen sich Dritte unter Umständen strafbar, wenn sie eigenständig Schnittstellen untersuchen.

▶   **Important** Auch den beschriebenen Ansinnen und Vorhaben der Aufsicht ist aus Branchensicht in keiner Form zu widersprechen, da alle geplanten Maßnahmen zur Transparenz und zur Risikoreduktion des RPA-Einsatzes beitragen und somit die Grundlage für einen noch breiteren Einsatz schaffen.

4.3.3.2.6 AT 7 Personal/Technisch-organisatorisch Ausstattung/ Notfallmanagement

Die quantitative und qualitative Personalausstattung des Instituts hat sich insbesondere an betriebsinternen Erfordernissen, den Geschäftsaktivitäten sowie der Risikosituation zu orientieren. Dies gilt auch beim Rückgriff auf Leiharbeitnehmer.

Die Mitarbeiter sowie deren Vertreter müssen abhängig von ihren Aufgaben, Kompetenzen und Verantwortlichkeiten über die erforderlichen Kenntnisse und Erfahrungen verfügen. Durch geeignete Maßnahmen ist zu gewährleisten, dass das Qualifikationsniveau der Mitarbeiter angemessen ist (BaFin, 2021).

Auch hier ist zunächst die Strategie des Instituts Ausgangspunkt und Messlatte für die Intensität und Tiefe der notwendigen Mitarbeiterkompetenz. Denn Institute, die z. B. aufgrund ihrer Strategieausrichtung selbsterstellte RPAs nutzen, werden bei der Qualifizierung ihres Personals einem höheren Anspruch genügen müssen als Institute, die keine oder nur weniger „zugekaufte" RPAs zum Einsatz bringen. Hier zeigt sich wiederum der Grundsatz der Proportionalität, welcher besagt, dass bankinterne Prozesse, und somit auch die Prozesse der Personalentwicklung bzw. -qualifizierung, proportional zur Größe, zum Geschäftsvolumen und – wie in dem erwähnten Beispiel – proportional zur Risikostruktur sein müssen (Deutsche Bundesbank, 2017).

Grundsätzlich erfordert die Komplexität der von den Kreditinstituten betriebenen Geschäfte an allen Stellen ein geeignetes Maß an Qualifizierung der Mitarbeiter und eine Personalplanung, die störungsfreie Betriebsabläufe garantiert. Diese Anforderung stellt insbesondere für kleinere Institute einen nicht zu unterschätzenden Hemmschuh für den forcierteren RPA-Einsatz dar. Hier können agile Prozessteams, die sich aus Mitarbeitern verschiedener Funktionsbereiche zusammensetzen (incl. prozessbegleitender Prüfung durch die Revision) ein hilfreiches Instrument zur Verbreiterung der personellen Basis sein.

Explizit verlangt werden Qualifizierungsmaßnahmen und den Aufgaben, Kompetenzen und Verantwortlichkeiten entsprechende Kenntnisse und Erfahrungen in AT 7.1 Tz. 2 MaRisk. Die Anforderungen an die Qualifikation der Mitarbeiter unterliegen dabei aufgrund des raschen Wandels im Finanzsektor einem ständigen Prozess der Veränderung, das gilt insbesondere auch für die dynamische Entwicklung im Bereich RPA und KI. Daher sollte das Kreditinstitut geeignete Maßnahmen schaffen, um dieser Entwicklung Rechnung zu tragen. Als geeignete Maßnahmen können Aus- und Weiterbildungsmöglichkeiten bezeichnet werden, die dem jeweiligen aktuellen oder erwarteten Stand der Anforderung an einen bestimmten Arbeitsplatz entsprechen.

▶   **Important** Vor diesem Hintergrund ist auch die Ausarbeitung eines Personalentwicklungskonzepts sinnvoll, welches sich am betriebenen oder geplanten Geschäft und den damit verbundenen Funktionen und Aufgaben orientiert. Eine Erstellung von Funktionsbeschreibungen für alle Bereiche des Kreditinstituts ist nach den MaRisk nicht notwendig, allerdings aufgrund des hohen Spezialisierungsgrads der für den RPA-Einsatz relevanten Steuerungsmitarbeiter dringend zu empfehlen.

Grundsätzlich findet Personalentwicklung nicht einmalig, sondern als permanent laufender Prozess statt. AT 7.1 Tz. 3 enthält zudem die Anforderung, eine vorausschauende Stellvertreter- und Nachfolgeentwicklung zu betreiben, um hier bei unerwartetem Ausscheiden von wichtigen Mitarbeitern für den RPA-Einsatz nicht unvorbereitet zu sein (Spateneder, 2005).

▶   **Important** Zwar wird in der Literatur festgestellt, dass eine Stellvertreterregelung insbesondere bei kleinen Instituten nicht für alle Aufgaben verhältnismäßig ist (Helfer et al., 2008), gleichwohl sollte die Anforderung in Bezug auf die für den RPA-Einsatz relevanten Mitarbeiter unter Risikoaspekten Beachtung finden. Um dieser Anforderung gerecht zu werden, können, auch wenn es nach den MaRisk nicht gefordert ist, Stellenbeschreibungen aufgestellt bzw. regelmäßig aktualisiert werden.

Derartige Stellenbeschreibungen enthalten meist

- nähere Beschreibungen der zu erfüllenden Aufgabeninhalte des jeweiligen Arbeitsplatzes,
- Angaben über Kompetenzen,
- Angaben über Verantwortlichkeiten und
- Über- und Unterstellungsverhältnisse (Berthel & Becker, 2003).

Aus diesen Stellenbeschreibungen lassen sich die Anforderungen an den Stelleninhaber ableiten, sodass bei vakanten Stellen mit den vorhandenen Profilen potenzieller Ersatz gesucht werden kann. Neben diesem Zweck sind Stellenbeschreibungen und Anforderungsprofile auch in Bezug auf die Personalentwicklung hilfreich, da durch einen Vergleich der festgelegten Anforderungskriterien mit den Kenntnissen und Fähigkeiten des Stelleninhabers eventueller Weiterbildungsbedarf identifiziert werden kann.

Neben der personellen Ausstattung liegt ein ebenso hoher Stellenwert auf der angemessenen technisch-organisatorischen Ausstattung und einer entsprechenden Notfallvorsorge. Hier sollen exemplarisch zunächst die aufsichtsseitigen Anforderungen an die Notfallvorsorge eingehender thematisiert werden, während Detaillierungen zur technisch-organisatorischen Ausstattung im Zusammenhang mit den BAIT-Anforderungen vorgenommen werden:

Grundlage für einen risikoorientierten Umgang mit Notfällen ist eine sachgerechte Identifikation der zeitkritischen Prozesse (Bretz, 2015). Für Notfälle in allen zeitkritischen Aktivitäten und Prozessen ist Vorsorge zu treffen. Die im Notfallkonzept festgelegten Maßnahmen müssen dazu geeignet sein, das Ausmaß möglicher Schäden zu reduzieren. Notfälle beziehen sich hierbei nicht nur auf den Ausfall von IT-Systemen, sondern auch auf den Ausfall wesentlicher Geschäftsprozesse oder Standorte.

Notfälle grenzen sich hierbei nach unten zu Störungen und nach oben zu Katastrophen ab. Der Notfall kann dann eintreten, wenn ein Zustand erreicht wird, bei dem innerhalb der geforderten Zeit eine Wiederherstellung der Verfügbarkeit, Integrität oder Vertraulichkeit der zeitkritischen Aktivitäten und Prozesse nicht möglich ist und sich daraus ein hoher Schaden für die Bank ergeben kann. Die Eintrittswahrscheinlichkeit ist dabei von untergeordneter Bedeutung.

▶ **Important** Für die Notfallvorsorge nach AT 7.3 Tz. 1 der MaRisk sind in einem Notfallplan oder Notfallhandbuch alle Maßnahmen, die nach Eintritt eines notfallauslösenden Ereignisses zu ergreifen sind, und alle dazu erforderlichen Informationen zu dokumentieren (Art des Notfalls, Folgen, zu ergreifende Maßnahmen und ggf. Probleme).

Im Falle einer Auslagerung zeitkritischer Geschäftsprozesse oder auch eines entsprechenden sonstigen Fremdbezugs sind die jeweils erforderlichen Notfallkonzepte des Instituts und des Kooperationsunternehmens aufeinander abzustimmen (BaFin, 2021). Dem Institut kommt demnach im Sinne eines angemessenen Risikomanagements insbesondere die Aufgabe zu, die vertragskonforme Umsetzung der Anforderungen zum Wiederanlauf beim Dienstleister zu überwachen. Voraussetzung einer angemessenen Überwachung ist, dass der Dienstleister regelmäßig die Wirksamkeit des eigenen Notfallkonzepts durch Tests bestätigt.

Die in Satz 2 von AT 7.3 Tz. 2 geforderten Geschäftsfortführungspläne sollten auf Basis der Geschäftsprozesse erstellt werden. Eine solche Geschäftsfortführungsplanung hilft, durch schnelle und effiziente Maßnahmen Geschäftsunterbrechungen im Voraus zu vermeiden oder im Notfall zumindest die Weiterführung der unternehmensrelevanten Prozesse zu gewährleisten. Bei der Geschäftsfortführungsplanung werden daher alle Aktivitäten beschrieben, um einen möglichst unterbrechungsfreien Ablauf der Geschäftsprozesse auch in Notfallsituationen zu gewährleisten. Dabei müssen alle Faktoren, die auf den Prozess einwirken können, wie z. B. Infrastruktur, IT-Systeme, Anwendungen, Personal, Dokumente und Dienstleister, berücksichtigt werden.

Im Rahmen der Wiederanlaufpläne werden dann, basierend auf Kritikalität, Notfall-szenarien und Notfallressourcen, die Wiederanlauf-Zeitziele der Geschäftsprozesse fest-gelegt und die notwendigen Maßnahmen erarbeitet und dokumentiert. Hierbei sind auch die mit externen Dienstleistern vereinbarten Service Levels zu berücksichtigen.

Die Kommunikationswege sollten in Form eines Alarmierungsplans dokumentiert wer-den, mit dessen Hilfe bei Eintritt eines Notfalls die zuständigen Personen oder Organisationseinheiten informiert werden. Die Alarmierung kann z. B. über Telefon, Fax, Funkrufdienste oder Kurier erfolgen. Beschrieben werden muss, wer wen benachrichtigt, wer ersatzweise zu benachrichtigen ist bzw. wie bei Nichterreichen zu verfahren ist. Zu diesem Zweck sind ggf. Adress- und Telefonlisten zu führen.

▶   **Important** Die vorgenannten Anforderungen an die Notfallvorsorge sind erheblich und stehen im Widerspruch zur häufigen Zielsetzung eines RPA-Einsatzes, die Vor-haltung bestimmter Redundanzen zu erreichen und durch ein 365/24/7-verfügbares Artefakt zu ersetzen. Rein pragmatisch kann dem begegnet werden, indem der RPA-Einsatz zunächst auf die weiterhin sehr vielfältigen nicht zeitkritischen Tätig-keitsfelder begrenzt wird. Dies scheint aktuell auch mit den Begrenzungen des RPA-Einsatzes auf Tätigkeitsfelder unterhalb einer bestimmten Komplexitäts-schwelle praxiskompatibel zu sein.

4.3.3.2.7 AT 8.2 Änderung betrieblicher Prozesse oder Strukturen mit IKS Relevanz

Gemäß AT 8.2 MaRisk hat das Institut vor wesentlichen Veränderungen in der Aufbau- und Ablauforganisation sowie in den IT-Systemen die Auswirkungen der geplanten Ver-änderungen auf die Kontrollverfahren und die Kontrollintensität und damit auf das interne Kontrollsystem zu analysieren. Dabei dient das interne Kontrollsystem nicht nur der Er-füllung der rechtlichen Anforderungen, sondern ist auch weiterhin ein zentrales Managementinstrument zur Unterstützung der Unternehmensziele und der Risiko-reduktion (Krekel & Faulmann, 2013). In diese Analysen sind die später in die Arbeits-abläufe eingebundenen Organisationseinheiten einzuschalten. Im Rahmen ihrer Aufgaben sind auch die Risikocontrolling-Funktion, die Compliance-Funktion und die Interne Revi-sion zu beteiligen (BaFin, 2021).

▶   **Important** Insbesondere bei erstmaligem Einsatz von RPA-Modulen ist eine Ana-lyse dringend anzuraten, um die Befassung mit den relevanten Fragestellungen durch alle bankintern beteiligten Fachbereiche sicherzustellen und zu doku-mentieren.

Dies erfolgt regelmäßig in standardisierter Form. Neben Zielsetzung, Nutzungsumfang, geplantem Einsatzzeitpunkt und konkreter Beschreibung der geplanten RPA-Nutzung er-folgt in diesem Zusammenhang dann die erste Wesentlichkeitseinschätzung der geplanten Veränderung. Indikatoren für eine Wesentlichkeit sind u. a. der erstmalige Einsatz und die

Wesentlichkeit des jeweils von der Einführung betroffenen Geschäftsprozesses. Selbst wenn diese beiden Indikatoren erfüllt sind, ist dies jedoch noch immer kein Präjudiz für die Durchführung einer Detailanalyse. Weitere Anhaltspunkte für die Bestimmung der Wesentlichkeit von Veränderungen können aus der getroffenen Klassifizierungseinstufung im Bereich des IT-Sicherheitsmanagements abgeleitet werden.

Sofern die Notwendigkeit einer Detailanalyse verneint wird, ist die Unwesentlichkeit der Auswirkungen auf Prozesse und/oder das Interne Kontrollsystem ausführlich qualitativ zu begründen.

Wenn eine Detailanalyse durchgeführt werden muss, sind die Auswirkungen des RPA-Einsatzes auf

- die Funktionsfähigkeit des wesentlichen Geschäftsprozesses,
- die Sicherheit und Zuverlässigkeit der Daten (sehr hoher Schutzbedarf),
- die Einhaltung der für die Bank wesentlichen bankspezifischen Rechtsnormen (qualitative Wesentlichkeitskriterien)
- und die sich hieraus ergebenden Risiken für das Ergebnis und das Kapital (quantitative Wesentlichkeitskriterien)

zu prüfen und zu dokumentieren.

Darüber hinaus sind die Auswirkungen auf das interne Kontrollsystem der Bank zu prüfen. Hierbei steht auch die Reduzierung von operationellen Risiken im Fokus. Auch für die Durchführung der Detailanalyse sind von den jeweiligen Verbänden der Kreditwirtschaft standardisierte Arbeitshilfen entwickelt worden (Genossenschaftsverband-Verband der Regionen e. V., 2021).

Eine Erleichterungsregelung kann zur Anwendung kommen: Auf die Erstellung einer Detailanalyse kann immer dann verzichtet werden, wenn eine vergleichbare Analyse im Rahmen einer Auslagerung oder bei der Anschaffung der neuen Software erfolgt ist (Hannemann et al., 2019). Diese Voraussetzung wird beim RPA-Einsatz regelmäßig erfüllt sein.

▶   **Important** Grundsätzlich kann bei erstmaligem RPA-Einsatz im Vertrieb, zum Beispiel beim RPA-gestützten fallabschließenden Verkauf von Kreditkarten, auch ein Veränderungsprozess im Sinne von AT 8.1 MaRisk ausgelöst werden.

Intention dieser aufsichtsrechtlichen Anforderung ist es, dass jedes Institut, die von ihm betriebenen Geschäftsaktivitäten verstehen muss. Für die Aufnahme von Geschäftsaktivitäten auf neuen Märkten (einschließlich neuer Vertriebswege) ist vorab ein Konzept auszuarbeiten. Grundlage des Konzeptes müssen das Ergebnis der Analyse des Risikogehalts dieser neuen Geschäftsaktivitäten sowie deren Auswirkungen auf das Gesamtrisikoprofil sein. In dem Konzept sind die sich daraus ergebenden wesentlichen Konsequenzen für das Management der Risiken darzustellen (BaFin, 2021). Bei Durchführung einer umfassenden Analyse im Sinne von AT 8.2 MaRisk dürften die wesentlichen Anforderungen des Veränderungsprozesses im Sinne von AT 8.1 MaRisk parallel miterfüllt werden. Hier ist dann abschließend noch der Produkte- und Märkte-Katalog sachgerecht um den neuen Vertriebsweg (RPA) zu ergänzen (Hannemann et al., 2019).

4.3.3.2.8 AT 9 Auslagerung/Sonstiger Fremdbezug

Die bei Einsatz von RPA genutzten IT-Anwendungen fallen regelmäßig unter die Vorgaben der MaRisk/BAIT, wenn die Verarbeitungsergebnisse rechnungslegungs- oder steuerungsrelevant sind oder mit dem Einsatz der Anwendungen bedeutsame Risiken verbunden sind. Bei dieser Beurteilung besteht Ermessensspielraum (BaFin, 2019). Rechnungslegungsrelevanz entsteht bei der automatisierten Verarbeitung von Daten, die nach der Verarbeitung Eingang in die Buchführung finden. Diese besteht auch, wenn anhand von Anwendungen Bilanznachweise erstellt werden, sofern keine weiteren Nachweise vorhanden sind. Steuerungsrelevanz ergibt sich aus der Verarbeitung von Daten, deren Ergebnisse für wesentliche geschäftspolitische Entscheidungen bzw. die Unternehmenssteuerung herangezogen werden. Relevant sind dabei insbesondere Auswertungen, die zur Erfüllung von bankaufsichtsrechtlichen Anforderungen der MaRisk-/BAIT-Verwendung finden (BaFin, 2021).

Weitere Kriterien mit Relevanz für die Einstufung der beschafften IT-Systeme sind:

Einfluss der Anwendung auf die Kundenbeziehung
Die Anwendung bzw. deren Verarbeitungsergebnisse haben eine unmittelbare Auswirkung auf die Kundenbeziehung. Somit können Schäden für die Bank auftreten, oder mit dem Einsatz ist ein Reputationsrisiko verbunden.

Einfluss auf die Informationssicherheit
Es besteht ein hoher Schutzbedarf der Anwendung in Bezug auf die Schutzziele Verfügbarkeit, Integrität, Vertraulichkeit und Authentizität. Zum Beispiel kann ein Ausfall der Anwendung Auswirkungen auf die Fortsetzung des Geschäftsbetriebs haben, oder es droht ein hoher Schaden. Ebenso können Fehler in der Anwendung die Schutzziele gefährden.

Einfluss auf die Einhaltung gesetzlicher/aufsichtsrechtlicher Vorgaben
Die Anwendung ist zur unmittelbaren Erfüllung der gesetzlichen oder aufsichtsrechtlichen Vorgaben (außerhalb der Vorschriften der MaRisk/BAIT) erforderlich (z. B. bei Auswertungen zur Geldwäscheprävention oder im Meldewesen).

Die Entscheidungsfindung, in welche Kategorie die jeweilige RPA-Anwendung einzugruppieren ist, läuft schematisch wie in Abb. 4.5 skizziert ab (BaFin, 2019):

►   **Important** Regelmäßig dürfte bei der aktuell im Einsatz befindlichen RPA-Software eine Einstufung der IT-Dienstleistung als Sonstiger Fremdbezug sachgerecht sein, siehe im Folgenden.

Für jeden sonstigen Fremdbezug von IT-Dienstleistungen ist vorab eine Risikobewertung durchzuführen. Soweit IT-Dienstleistungen bereits als (wesentliche oder

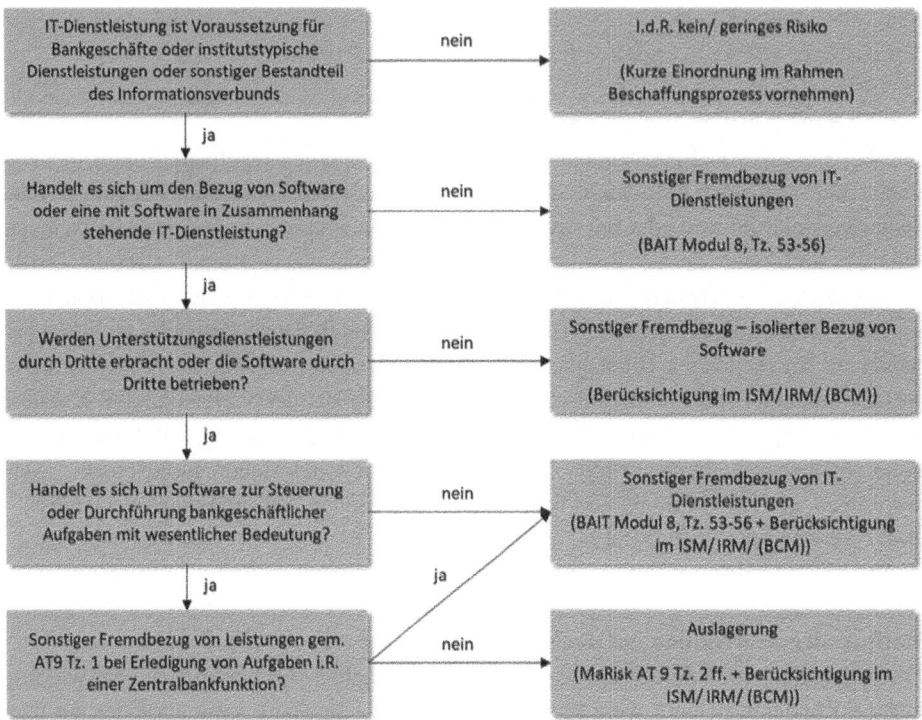

Abb. 4.5 Prüfschema Auslagerung/sonstiger Fremdbezug. (BaFin, 2019)

unwesentliche) Auslagerung einer regelmäßigen Risikoanalyse unterliegen, ist darüber hinaus keine zusätzliche Risikobewertung wie nachfolgend beschrieben notwendig. Art und Umfang der Risikobewertung beim sonstigen Fremdbezug von IT-Dienstleistungen wird unter Proportionalitätsgesichtspunkten flexibel festgelegt. Das Clustern von IT-Dienstleistungen für gleichartige Formen des sonstigen Fremdbezugs von IT-Dienstleistungen ist dabei sinnvoll, da für diese auf bestehende Risikobewertungen zurückgegriffen werden kann.

Einen Schwerpunkt der Risikobewertung bei IT-Dienstleistungen bilden die Informationsrisiken, die sich aus dem sonstigen Fremdbezug einer IT-Dienstleistung ergeben können. Es wird deshalb in der Muster-Risikobewertung vorrangig auf die Schutzziele der Geschäftsprozesse, Daten und IT-Systeme, für die die IT-Dienstleistung eine Rolle spielt, abgestellt. Tiefe und Umfang der Risikobewertung können sich z. B. abhängig vom Schutzbedarf unterscheiden. Eine erneute Risikobewertung ist bei Änderungen beim Bezug einer IT-Dienstleistung (bei dauerhaftem Bezug) sowie dann erforderlich, wenn der Bank Umstände bekannt werden, die darauf schließen lassen, dass sich die bei der Bewertung verwendeten Risikofaktoren verändert haben (anlassbezogene Risikobewertung).

Die Risikobewertung ist bei dauerhaftem Bezug oder Rückgriff auf bestehende Risiko-bewertungen bei gleichartigen Formen des sonstigen Fremdbezugs alle 3 Jahre zu er-neuern, auch wenn kein Anlass besteht (regelmäßige Risikobewertung).

Ergänzend und höchstvorsorglich sollten aber vor dem Hintergrund des aufsichtsseitig hohen Stellenwertes freiwillig auch bei sonstigem Fremdbezug zusätzlich die An-forderungen des Kriterienkatalogs C5 (Cloud Computing Compliance Criteria Catalogue) des Bundesamts für Informationstechnik (BSI) auf Erfüllbarkeit durch den Dienstleister hin untersucht werden (Bundesamt für Sicherheit in der Informationstechnik, 2020). Der Kriterienkatalog spezifiziert Mindestanforderungen an sicheres Cloud Computing und richtet sich in erster Linie an professionelle Cloud-Anbieter, deren Prüfer und Kunden. Der Kriterienkatalog C5 wurde im Jahr 2016 durch das Bundesamt für Sicherheit in der Informationstechnik erstmalig veröffentlicht, zuletzt 2020 aktualisiert und ist mittlerweile als marktgängiger Standard einzustufen. Nach Aussagen des BSI wurden bereits mehr als ein Dutzend Testate für nationale, europäische und weltweite Cloud-Anbieter sowie eine breite Palette an Cloud-Diensten erstellt. Mittlerweile gibt es auch mittelständische und kleinere Anbieter, die den Katalog anwenden. Der C5 bietet Cloud-Kunden eine wichtige Orientierung für die Auswahl eines Anbieters. Er bildet die Grundlage, um ein kunden-eigenes Risikomanagement durchführen zu können. Im Jahr 2019 wurde der C5 grund-legend überarbeitet, um auf aktuelle Entwicklungen einzugehen und die Qualität noch weiter zu erhöhen. Auch die Finanzaufsicht referenziert regelmäßig auf diesen Kriterienkatalog.

Sollte die Bank bei der Entscheidungsfindung hingegen zu dem Schluss kommen, dass die bezogene RPA-IT-Dienstleistung banksteuerungsrelevant ist, greifen die selbst bei un-wesentlichen Auslagerungstatbeständen noch strengeren Anforderungen des AT 9 MaRisk (BaFin, 2021):

Das Institut muss anhand einer Risikoanalyse bewerten, welche Risiken mit einer Aus-lagerung verbunden sind. Ausgehend von dieser Risikoanalyse ist eigenverantwortlich festzulegen, welche Auslagerungen von Aktivitäten und Prozessen unter Risikogesichts-punkten wesentlich sind (wesentliche Auslagerungen). Diese ist auf der Grundlage von in-stitutsweit bzw. gruppenweit einheitlichen Rahmenvorgaben sowohl regelmäßig als auch anlassbezogen durchzuführen. Die Ergebnisse der Risikoanalyse sind in der Auslagerungs- und Risikosteuerung zu beachten. Die maßgeblichen Organisationseinheiten sind bei der Erstellung der Risikoanalyse einzubeziehen. Im Rahmen ihrer Aufgaben ist auch die In-terne Revision zu beteiligen.

Bei unter Risikogesichtspunkten nicht wesentlichen Auslagerungen sind die all-gemeinen Anforderungen an die Ordnungsmäßigkeit der Geschäftsorganisation gemäß § 25a Abs. 1 KWG zu beachten.

Eine Auslagerung von Aktivitäten und Prozessen in Kontrollbereichen und Kernbank-bereichen kann unter Beachtung der zuvor genannten Anforderungen in einem Umfang vor-genommen werden, der gewährleistet, dass hierdurch das Institut weiterhin über Kenntnisse und Erfahrungen verfügt, die eine wirksame Überwachung der vom Auslagerungsunter-nehmen erbrachten Dienstleistungen gewährleistet. Es ist sicherzustellen, dass bei Bedarf –

im Falle der Beendigung des Auslagerungsverhältnisses oder der Änderung der Gruppen-struktur – der ordnungsmäßige Betrieb in diesen Bereichen fortgesetzt werden kann.

Das Institut hat bei wesentlichen Auslagerungen im Fall der beabsichtigten oder er-warteten Beendigung der Auslagerungsvereinbarung Vorkehrungen zu treffen, um die Kontinuität und Qualität der ausgelagerten Aktivitäten und Prozesse auch nach Be-endigung zu gewährleisten. Für Fälle unbeabsichtigter oder unerwarteter Beendigung dieser Auslagerungen, die mit einer erheblichen Beeinträchtigung der Geschäftstätigkeit verbunden sein können, hat das Institut etwaige Handlungsoptionen auf ihre Durchführ-barkeit zu prüfen und zu verabschieden. Dies beinhaltet auch, soweit sinnvoll und mög-lich, die Festlegung entsprechender Ausstiegsprozesse. Die Handlungsoptionen sind regelmäßig und anlassbezogen zu überprüfen.

Bei wesentlichen Auslagerungen ist im in Textform dokumentierten Auslagerungsver-trag insbesondere Folgendes zu vereinbaren:

- Spezifizierung und ggf. Abgrenzung der vom Auslagerungsunternehmen zu er-bringenden Leistung,
- Datum des Beginns und ggf. des Endes der Auslagerungsvereinbarung,
- Sofern von deutschem Recht abweichend, das geltende Recht für die Auslagerungsver-einbarung,
- Standorte (d. h. Regionen oder Länder) in denen die Durchführung der Dienstleistung erfolgt und/oder maßgebliche Daten gespeichert und verarbeitet werden sowie die Re-gelung, dass das Institut benachrichtigt wird, wenn das Auslagerungsunternehmen den Standort wechselt,
- vereinbarte Dienstleistungsgüte mit eindeutig festgelegten Leistungszielen,
- soweit zutreffend, dass das Auslagerungsunternehmen für bestimmte Risiken einen Versicherungsnachweis vorzulegen hat.
- Anforderungen für die Umsetzung und Überprüfung von Notfallkonzepten,
- Festlegung angemessener Informations- und Prüfungsrechte der Internen Revision sowie externer Prüfer,
- Sicherstellung der uneingeschränkten Informations- und Prüfungsrechte sowie der Kontrollmöglichkeiten der gemäß § 25b Absatz 3 KWG zuständigen Behörden bezüg-lich der ausgelagerten Aktivitäten und Prozesse,
- soweit erforderlich Weisungsrechte,
- Regelungen, die sicherstellen, dass datenschutzrechtliche Bestimmungen und sonstige Sicherheitsanforderungen beachtet werden,
- Kündigungsrechte und angemessene Kündigungsfristen,
- Regelungen über die Möglichkeit und über die Modalitäten einer Weiterverlagerung, die sicherstellen, dass das Institut die bankaufsichtsrechtlichen Anforderungen weiter-hin einhält,
- Verpflichtung des Auslagerungsunternehmens, das Institut über Entwicklungen zu in-formieren, die die ordnungsgemäße Erledigung der ausgelagerten Aktivitäten und Pro-zesse beeinträchtigen können.

Mit Blick auf Weiterverlagerungen sind möglichst Zustimmungsvorbehalte des auslagernden Instituts oder konkrete Voraussetzungen, wann Weiterverlagerungen einzelner Arbeits- und Prozessschritte möglich sind, im Auslagerungsvertrag zu vereinbaren. Zumindest ist vertraglich sicherzustellen, dass die Vereinbarungen des Auslagerungsunternehmens mit Subunternehmen im Einklang mit den vertraglichen Vereinbarungen des originären Auslagerungsvertrags stehen. Ferner haben die vertraglichen Anforderungen bei Weiterverlagerungen auch eine Informationspflicht des Auslagerungsunternehmens an das auslagernde Institut zu umfassen. Es muss sichergestellt sein, dass das Auslagerungsunternehmen im Falle einer Weiterverlagerung auf ein Subunternehmen weiterhin gegenüber dem auslagernden Institut berichtspflichtig bleibt.

Das Institut hat die mit Auslagerungen verbundenen Risiken angemessen zu steuern und die Ausführung der ausgelagerten Aktivitäten und Prozesse ordnungsgemäß zu überwachen. Dies umfasst bei wesentlichen Auslagerungen auch die laufende Überwachung der Leistung des Auslagerungsunternehmens anhand vorzuhaltender Kriterien (z. B. Key Performance Indicators, Key Risk Indicators) und vertraglich vereinbarter Informationen des Auslagerungsunternehmens; die Qualität der erbrachten Leistungen ist regelmäßig zu beurteilen.

Für die Dokumentation, Steuerung und Überwachung wesentlicher Auslagerungen hat das Institut klare Verantwortlichkeiten festzulegen. Um diese hohen Anforderungen auf Institutsebene mit dem notwendigen Qualitätsanspruch und dem insbesondere für IT-Dienstleistungen erforderlichen Expertenwissen zu erfüllen, bedienen sich zum Beispiel viele Genossenschaftsbanken eines spezialisierten zentralen Dienstleisters, an den dann wiederum das zentrale Auslagerungsmanagement übertragen wird.

Die Anforderungen an die Auslagerung von Aktivitäten und Prozessen sind auch bei der Weiterverlagerung ausgelagerter Aktivitäten und Prozesse zu beachten.

Grundsätzlich hat das Institut ein aktuelles Auslagerungsregister mit Informationen über alle Auslagerungsvereinbarungen vorzuhalten. Die inhaltlichen Mindestanforderungen an das Auslagerungsregister finden sich für alle Auslagerungen in Tz. 54 und für wesentliche Auslagerungen in Tz. 55 der EBA-Leitlinien zu Auslagerungen (European Banking Authority, 2019). Das Auslagerungsregister umfasst alle Auslagerungsvereinbarungen, einschließlich der Auslagerungsvereinbarungen mit Auslagerungsunternehmen innerhalb einer Institutsgruppe oder eines Finanzverbundes. Ferner ist bei der Weiterverlagerung von wesentlichen Auslagerungen von dem auslagernden Institut festzulegen, ob der weiterzuverlagernde Teil wesentlich und dieser wesentliche Teil im Auslagerungsregister zu erfassen ist.

Im Hinblick auf Finanzverbünde ergeben sich gewisse Erleichterungen (vgl. hierzu AT 9 Tz. 15 MaRisk, BaFin, 2021).

Die womöglich ursprünglich mit dem RPA-Einsatz verbundenen Intentionen

- Bessere Kontrolle, da das Institut selbst die Prozessautomation regelt
- Kostenvorteil (RPA-Konzeptionierung und -Implementierung verursachen in der Regel geringere administrative Kosten als ein Auslagerungsprozess)

- Größere Vielseitigkeit und Individualisierung (keine starren Leistungsscheine)
- Skalierbarkeit durch KI
- Höhere Verfügbarkeit (365/7/24)

werden bei Einstufung als Auslagerung zumindest teilweise aufgegeben.

▶   **Important** In der Praxis dürften die mit RPA betriebenen Prozesse zudem aufgrund des (noch) vielfach niederschwelligen Komplexitätsgrads nicht banksteuerungs-relevant sein. Vor diesem Hintergrund wird auf eine weiter vertiefende Betrachtung der aufsichtsrechtlichen Anforderungen an Auslagerungen hier b.a.w. verzichtet.

4.3.3.3 Detailanforderungen BAIT

4.3.3.3.1 IT-Strategie

Die IT-Strategie hat die Anforderungen nach AT 4.2 der MaRisk zu erfüllen. Dies beinhaltet insbesondere, dass die Geschäftsleitung eine nachhaltige IT-Strategie festlegt, in der die Ziele sowie die Maßnahmen zur Erreichung dieser Ziele dargestellt werden.

Die Geschäftsleitung hat eine mit der Geschäftsstrategie konsistente IT-Strategie festzulegen. Mindestinhalte sind:

- Strategische Entwicklung der IT-Aufbau- und IT-Ablauforganisation des Instituts sowie IT-Dienstleistungen und sonstige wichtige Abhängigkeiten von Dritten
- Zuordnung der gängigen Standards, an denen sich das Institut orientiert, auf die Bereiche der IT und der Informationssicherheit
- Ziele, Zuständigkeiten und Einbindung der Informationssicherheit in die Organisation
- Strategische Entwicklung der IT-Architektur
- Aussagen zum IT-Notfallmanagement unter Berücksichtigung der Informationssicherheitsbelange
- Aussagen zu den in den Fachbereichen selbst betriebenen bzw. entwickelten IT-Systemen (Hardware- und Software-Komponenten) (BaFin, 2017).

Wie oben bereits beschrieben, steht zu Beginn des Entscheidungsprozesses über einen RPA-Einsatz regelmäßig eine strategische Selbstvergewisserung, in deren Zuge sämtliche Prozesse und Strukturen zuerst überdacht und auf RPA-Fähigkeit hin überprüft werden sollten. Wenn dann im weiteren Verlauf die strategische Entscheidung zum RPA-Einsatz getroffen, strategische Ziele und Messgrößen festgelegt und schlussendlich operationalisiert werden müssen, ist eine grundlegende Architekturentscheidung zu treffen:

Der Einstieg in den RPA Einsatz erfolgt häufig mit einem sogenannten Attended (steht für: unter Aufsicht) Robot. Bei diesem Robotertyp handelt es sich um einen „begleiteten" Robot. Roboter dieses Typs laufen lokal auf einem physischen Rechner wie einem Laptop

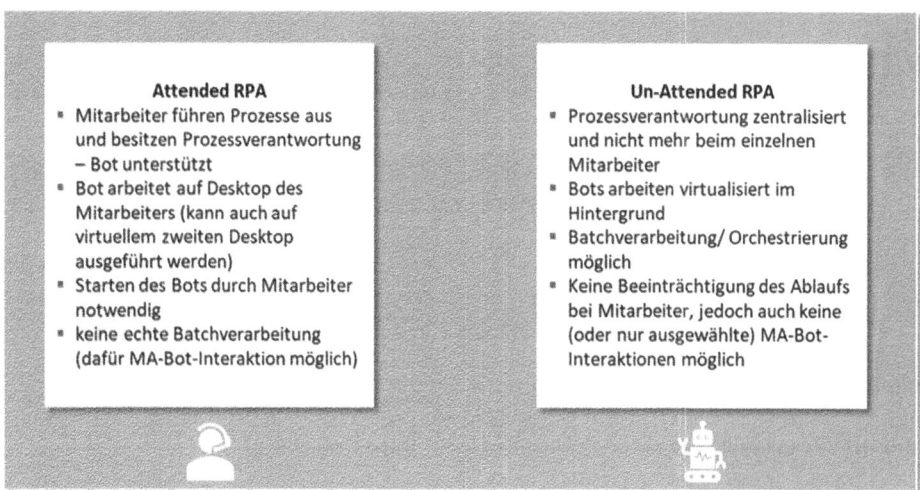

Abb. 4.6 Attended und Un-attended-RPA. (Eigene Darstellung)

oder einer Workstation. Die Robote werden hier so programmiert, dass sie in Zusammen-arbeit mit dem User arbeiten.

Im Gegensatz dazu ist der Einsatz von sogenannten Unattended Robots nur über eine vernetzte Plattform möglich. Der Unattended Robot ist demnach ein „nicht begleiteter" oder „autonomer" Roboter. Dieser kann ohne die Aufsicht eines Menschen völlig autark arbeiten. Das geschieht meist nicht mehr auf einer physikalischen Maschine, sondern auf einer virtuellen Maschine in einem Rechenzentrum. Dieser Typ Roboter benötigt auch eine Art „Steuerzentrale", welche den Bot steuert. Bei UiPath trägt diese Instanz die Bezeichnung „UiPath Orchestrator" (UiPath, 2022). Siehe hierzu auch Kap. 2 und Abb. 4.6, die die beiden unterschiedlichen Betriebsmodelle zusammenfassend darstellt.

Eine weitere zentrale Festlegung betrifft den Zentralisierungsgrad des RPA-Einsatzes. Hier werden grundsätzlich drei Modelle unterschieden:

Zentrales Modell
Hier befinden sich die RPA-Rollen und -Aufgaben in einer eigenen Abteilung, die die Kontrolle über alle RPA-Robots des Unternehmens hat. So profitiert man in der Regel von kurzen Kommunikationswegen innerhalb des RPA-Teams, hat einen klaren Überblick über alle automatisierten Prozesse und konzentrierte RPA-Kenntnisse. Dem stehen als Risiken eine möglicherweise geringere eigene Agilität in den einzelnen Fachbereichen und das Risiko einer Vernachlässigung einzelner Einsatzbereiche durch zentrale Ressourcenengpässe gegenüber.

Dezentrales Modell
Die RPA-Einheiten sind jeweils in den einzelnen Abteilungen verankert und treffen hier eigene Entscheidungen. Das kann die verwendeten Tools betreffen, zu automatisierende

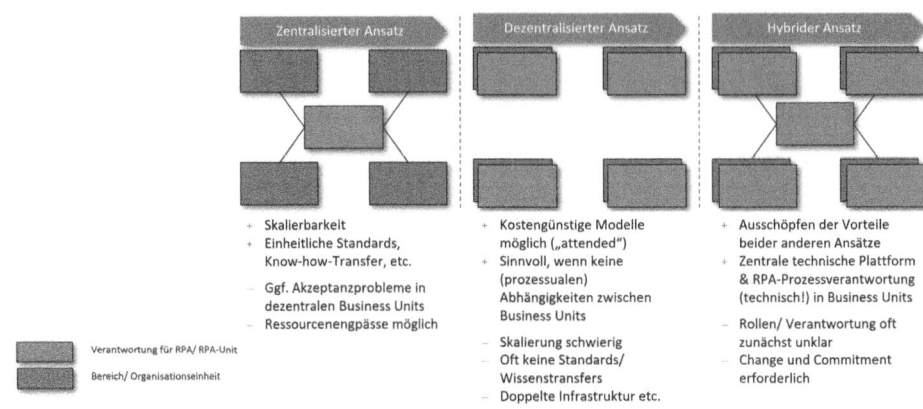

Abb. 4.7 Zentralisierungsgrad des RPA-Einsatzes. (Eigene Darstellung)

Prozesse oder die geltenden Richtlinien selbst. Vorteile sind die Flexibilität bei der Entwicklung und direkte Kommunikationswege zwischen RPA-Einheit und Fachbereichsverantwortlichen. Als nachteilig können der redundante Aufbau von RPA-Rollen und Infrastrukturen, möglicherweise höhere Kosten und eine womöglich mangelnde unternehmensweite Skalierbarkeit gesehen werden.

Hybrides Modell
Der Hybrid vereint einige Vorteile des zentralen und des dezentralen Modells. Er bietet sowohl eine starke Verankerung von RPA in der Organisation als auch eine hohe Flexibilität bei der Entwicklung und Wartung von RPA-Bots. Außerdem steht ein ausreichender Pool von RPA-Erfahrenen für die gleiche Plattform zur Verfügung und die direkten Kommunikationswege zwischen denjenigen, die die RPA-Prozesse entwickeln und denjenigen, die sie in der Fachabteilung nutzen, bleiben bestehen. Hier besteht dann allerdings die Herausforderung, dass die einzelnen Fachbereiche kontinuierlich hinsichtlich der Vorgaben der zentralen RPA-Governance geschult werden. Außerdem besteht erhöhter Abstimmungsaufwand zur Gewährleistung einer institutsweiten Konsistenz der Automatisierungsansätze (Dagianis, 2021).

Die drei Ansätze sind in Abb. 4.7 zusammenfassend dargestellt.

▶ **Important** In Abhängigkeit von diesen beiden vorgenannten Basisfestlegungen gestaltet sich u. a. auch das Ausmaß der nachfolgend beschriebenen aufsichtsrechtlichen Anforderungen. Die Architektur der Anwendungslandschaft ist dementsprechend gemäß den Anforderungen der BAIT zu ergänzen.

4.3.3.3.2 IT Governance
Die IT-Governance ist die Struktur zur Steuerung sowie Überwachung des Betriebs und der Weiterentwicklung der IT-Systeme einschließlich der dazugehörigen IT-Prozesse auf Basis der IT-Strategie. Hierfür maßgeblich sind insbesondere die Regelungen zur IT-

Aufbau- und IT-Ablauforganisation (vgl. AT 4.3.1 MaRisk), zum Informationsrisiko-
sowie Informationssicherheitsmanagement (vgl. AT 4.3.2 MaRisk, AT 7.2 Tzn. 2 und 4
MaRisk), zur quantitativ und qualitativ angemessenen Personalausstattung der IT (vgl. AT
7.1 MaRisk) sowie zum Umfang und zur Qualität der technisch-organisatorischen Ausstattung (vgl. AT 7.2 Tz. 1 MaRisk). Regelungen für die IT-Aufbau- und IT-
Ablauforganisation sind bei Veränderungen der Aktivitäten und Prozesse zeitnah anzupassen (vgl. AT 5 Tzn. 1 und 2 MaRisk). Grundsätzlich wird diese Anforderung aus Tz. 2
der BAIT bei Einhaltung der oben beschriebenen MaRisk-Vorgaben erfüllt sein. Die BAIT
präzisieren den Katalog der Anforderungen allerdings noch beträchtlich (BaFin, 2017):

Die Geschäftsleitung ist dafür verantwortlich, dass auf Basis der IT-Strategie die Regelungen zur IT-Aufbau- und IT-Ablauforganisation festgelegt und bei Veränderungen der
Aktivitäten und Prozesse zeitnah angepasst werden. Es ist sicherzustellen, dass diese Regelungen wirksam umgesetzt werden. Gerade auch bei (erstmaligen) RPA-Implementie-
rungen erwartet die Aufsicht eine proaktive Schaffung eines angemessenen aufbau- und
ablauforganisatorischen Rahmens. Nicht das Artefakt selbst bildet das Risiko, sondern
dessen fachlicher Input und Betrieb. Bei einer nach und nach steigenden Anzahl von Arte-
fakten ergeben sich dann einige Risiken und Herausforderungen:

Fehlende standardisierte Vorgaben und Regelungen zur Vorgehensweise erschweren
eine zielgerichtete und konsistente Prozessautomatisierung. Vorhandene Potenziale werden oftmals nicht identifiziert und genutzt. Dieser Mangel birgt darüber hinaus das Risiko,
dass unbemerkt gegen gesetzliche und regulatorische Anforderungen verstoßen wird.
Durch die fehlende Definition von Rollen und Verantwortlichkeiten kommt es zu Konflikt-
potenzialen bzw. Interessenkonflikten. Auch ist eine effektive Wissenssicherung und ein
geregelter Wissenstransfer nur erschwert möglich, wenn bereits vorhandene Expertise
nicht vollständig unternehmensweit geteilt und bereichsübergreifende Synergieeffekte
nicht erkannt werden.

Eine spezifizierte RPA Governance ist für die Erreichung von unternehmensweiten Zielen und zur Sicherung des unternehmerischen Erfolgs höchst relevant. Eine ordnungsgemäße RPA Governance beantwortet unter anderem die folgenden Fragestellungen:

- Wer entscheidet, welche Prozesse automatisiert werden?
- Welche Technologie, welcher Anbieter und welche Infrastruktur sind am besten
  geeignet?
- Welche Rollen werden für die sachgerechte Entwicklung von Robotern benötigt?
- Ist, wenn notwendig, eine Funktionstrennung sichergestellt?
- Auf welche Art und Weise und von wem werden die Roboter gesteuert?
- Welche Tätigkeiten werden von der IT, dem Fachbereich, dem Prozessteam, etc.
  ausgeführt?
- Welche organisatorischen Ausgestaltungsformen sind denkbar (dezentral vs. hybrid vs.
  zentral) (Dagianis, 2021)?

▶ **Important** Das Institut hat insbesondere das Informationsrisikomanagement, das Informationssicherheitsmanagement, den IT-Betrieb und die Anwendungsentwicklung quantitativ und qualitativ angemessen mit Ressourcen auszustatten. Die Ausstattung, insbesondere mit finanziellen und personellen Ressourcen, hat dabei insbesondere im Hinblick auf die ausgewählte RPA-Architektur (Attended Robot bzw. Unattended Robot) und die organisatorische Ausgestaltungsform proportional zu erfolgen.

Interessenkonflikten zwischen Aktivitäten, die beispielsweise im Zusammenhang mit der Anwendungsentwicklung und den Aufgaben des IT-Betriebs stehen, ist durch aufbau- oder ablauforganisatorische Maßnahmen bzw. durch eine adäquate Rollendefinition zwingend zu begegnen. Zur Steuerung der für den Betrieb und die Weiterentwicklung der IT-Systeme zuständigen Bereiche durch die Geschäftsleitung sind angemessene quantitative oder qualitative Kriterien durch diese festzulegen. Die Einhaltung der Kriterien ist zu überwachen. Bei der Festlegung der Kriterien können z. B. die Qualität der Leistungserbringung, die Verfügbarkeit, Wartbarkeit, Anpassbarkeit an neue Anforderungen, Sicherheit der IT-Systeme oder der dazugehörigen IT-Prozesse sowie deren Kosten berücksichtigt werden.

▶ **Important** Diese permanente Überwachungsanforderung betrifft selbstverständlich auch den RPA-Einsatz.

Dabei sind Kontroll- und Überwachungsmaßnahmen sowohl durch den operativen Bereich als auch die Funktionsträger der sogenannten „Zweiten Verteidigungslinie" (hier insbesondere IT-Sicherheitsbeauftragter, Datenschutzbeauftragter und MaRisk-Compliance-Funktion). Additiv ist auch die Revision gefordert, entsprechende Prüfungsmaßnahmen zu etablieren. In der Praxis könnte hier z. B. an eine dauerhafte projektbegleitende Prüfung mit regelmäßiger Berichterstattungspflicht ein angemessener Umsetzungsvorschlag sein. Zusätzlich ist es zielführend, den RPA-Einsatz je nach Einsatzfeld zusätzlich additiv in das hierfür in aller Regel bereits bestehende Prüffeld zu integrieren, um Redundanzen soweit möglich zu vermeiden.

4.3.3.3.3 Operative Informationssicherheit

Die operative Informationssicherheit setzt die Anforderungen des Informationssicherheitsmanagements um. IT-Systeme, die zugehörigen IT-Prozesse und sonstige Bestandteile des Informationsverbundes müssen die Integrität, die Verfügbarkeit, die Authentizität sowie die Vertraulichkeit der Daten sicherstellen. Für diese Zwecke ist bei der Ausgestaltung der IT-Systeme und der zugehörigen IT-Prozesse grundsätzlich auf gängige Standards abzustellen (vgl. AT 7.2 Tz. 2 MaRisk, BaFin, 2021). Für IT-Risiken sind angemessene Überwachungs- und Steuerungsprozesse einzurichten, die insbesondere die Festlegung von IT-Risikokriterien, die Identifikation von IT-Risiken, die Festlegung des Schutzbedarfs, daraus abgeleitete Schutzmaßnahmen für den

IT-Betrieb sowie die Festlegung entsprechender Maßnahmen zur Risikobehandlung und -minderung umfassen (vgl. AT 7.2 Tz. 4 MaRisk).

Im Detail bedeutet das
Das Institut hat auf Basis der Informationssicherheitsleitlinie und Informationssicherheits richtlinien angemessene, dem Stand der Technik entsprechende, operative Informations- sicherheitsmaßnahmen und Prozesse zu implementieren.

Gefährdungen des Informationsverbundes sind möglichst frühzeitig zu identifizieren. Potenziell sicherheitsrelevante Informationen sind angemessen zeitnah, regelbasiert und zentral auszuwerten. Diese Informationen müssen bei Transport und Speicherung geschützt werden und für eine angemessene Zeit zur späteren Auswertung zur Verfügung stehen.

Es ist ein angemessenes Portfolio an Regeln zur Identifizierung sicherheitsrelevanter Ereignisse zu definieren. Regeln sind vor Inbetriebnahme zu testen. Die Regeln sind regel- mäßig und anlassbezogen auf Wirksamkeit zu prüfen und weiterzuentwickeln.

Sicherheitsrelevante Ereignisse sind zeitnah zu analysieren, und auf daraus resultie- rende Informationssicherheitsvorfälle ist unter Verantwortung des Informationssicherheits managements angemessen zu reagieren.

In Abstimmung mit dem ausgewählten Dienstleister sind für den RPA-Einsatz die kon- kreten Maßnahmen zur Informationssicherheit initial abzustimmen und aufgrund der Er- kenntnisse aus dem Praxiseinsatz fortlaufend zu evaluieren und bei Bedarf nachzu- schärfen.

Die Sicherheit der IT-Systeme ist daher regelmäßig, anlassbezogen und unter Ver- meidung von Interessenskonflikten zu überprüfen. Ergebnisse sind hinsichtlich not- wendiger Verbesserungen zu analysieren und Risiken angemessen zu steuern. Für die Re- vision sind diese Analyseergebnisse als prüfungsrelevante Informationen Anhaltspunkte zur fortlaufenden Überprüfung ihrer internen Risikobewertung und ggfs. Anlass für Prüfungsplananpassungen (Kurowski, 2004).

▶ **Important** Auch zur Umsetzung dieser Anforderungen haben die Spitzenverbände der Deutschen Kreditwirtschaft Hilfestellungen für die Banken entworfen, in die auch die für den RPA-Einsatz relevanten Aspekte integriert werden können (Bundes- verband der Volks- und Raiffeisenbanken, 2020).

4.3.3.3.4 Identitäts- und Rechtemanagement
Ein Identitäts- und Rechtemanagement stellt sicher, dass den Benutzern eingeräumte Be- rechtigungen so ausgestaltet sind und genutzt werden, wie es den organisatorischen und fachlichen Vorgaben des Instituts entspricht. Das Identitäts- und Rechtemanagement hat die Anforderungen nach AT 4.3.1 Tz. 2, AT 7.2 Tz. 2 sowie BTO Tz. 9 der MaRisk zu er- füllen. Jegliche Zugriffs-, Zugangs- und Zutrittsrechte auf Bestandteile bzw. zu Bestand- teilen des Informationsverbundes sollten standardisierten Prozessen und Kontrollen unter- liegen (BaFin, 2017).

Besonders aus Sicht eines Prüfers und der Revision ist zu beachten, dass der Robot als eigenständiger User regelmäßig weitreichende Rechte erhalten muss, um seine Aufgaben erledigen zu können. Darüber hinaus sind im Rahmen der Umsetzung von RPA zusätzlich an Bankmitarbeiter und Externe ebenfalls zahlreiche Rechte zu vergeben. Deren Einbindung in das bankbetriebliche Identitäts- und Rechtemanagement ist somit elementar.

Berechtigungskonzepte legen den Umfang und die Nutzungsbedingungen der Berechtigungen für die IT-Systeme (Zugang zu IT-Systemen sowie Zugriff auf Daten) sowie die Zutrittsrechte zu Räumen konsistent zum ermittelten Schutzbedarf sowie vollständig und nachvollziehbar ableitbar für alle bereitgestellten Berechtigungen fest.

Berechtigungskonzepte haben die Vergabe von Berechtigungen nach dem Sparsamkeitsgrundsatz („Need-to-know" und „Least-Privilege" Prinzipien) sicherzustellen, die Funktionstrennung auch berechtigungskonzeptübergreifend zu wahren und Interessenskonflikte zu vermeiden. Berechtigungskonzepte sind regelmäßig und anlassbezogen zu überprüfen und ggf. zu aktualisieren.

Zugriffe und Zugänge müssen jederzeit zweifelsfrei einer handelnden bzw. verantwortlichen Person (möglichst automatisiert) zuzuordnen sein.

Die Verfahren zur Einrichtung, Änderung, Deaktivierung oder Löschung von Berechtigungen für Benutzer haben durch Genehmigungs- und Kontrollprozesse sicherzustellen, dass die Vorgaben des Berechtigungskonzepts eingehalten werden. Dabei ist die fachlich verantwortliche Stelle angemessen einzubinden, sodass sie ihrer fachlichen Verantwortung nachkommen kann.

Bei der Überprüfung, ob die eingeräumten Berechtigungen weiterhin benötigt werden und ob diese den Vorgaben des Berechtigungskonzepts entsprechen (Rezertifizierung), sind die für die Einrichtung, Änderung, Deaktivierung oder Löschung von Berechtigungen zuständigen
Kontrollinstanzen einzubeziehen (Becker, 2022).

Die Einrichtung, Änderung, Deaktivierung sowie Löschung von Berechtigungen und die Rezertifizierung sind nachvollziehbar und auswertbar zu dokumentieren.

Das Institut hat nach Maßgabe des Schutzbedarfs und der Soll-Anforderungen Prozesse zur Protokollierung und Überwachung einzurichten, die überprüfbar machen, dass die Berechtigungen nur wie vorgesehen eingesetzt werden. Aufgrund der damit verbundenen weitreichenden Eingriffsmöglichkeiten hat das Institut insbesondere für die Aktivitäten mit privilegierten (besonders kritischen) Benutzer- und Zutrittsrechten angemessene Prozesse zur Protokollierung und Überwachung einzurichten.

Durch begleitende technisch-organisatorische Maßnahmen ist einer Umgehung der Vorgaben der Berechtigungskonzepte vorzubeugen (BaFin, 2017).

Gemäß den BAIT stellen Berechtigungskonzepte den zentralen Bestandteil des Berechtigungsmanagements dar (Bretz, 2015).

▶ **Important** Da Berechtigungen im Zusammenhang mit dem RPA-Einsatz in der Praxis oftmals voneinander abhängig sind, ist die Berechtigungskette stets geschlossen zu betrachten und folglich auch das Need-to-know-Prinzip im Kontext dieser Berechtigungsketten umzusetzen (Tsolkas et al., 2010).

In diesem Zusammenhang ist es ebenfalls empfehlenswert, entsprechende Test-szenarien für Berechtigungstests zu entwickeln (Koenen, 2016).

Bei Revisionsprüfungen werden zu diesem Themenkomplex häufig nachfolgende Fest-stellungen getroffen (Conrads et al., 2015):

- Tatsächliche Zugriffsrechte weichen von der organisatorischen Zuordnung ab
- Unzureichende Sicherstellung der Funktionstrennung und Vermeidung von Interessen-konflikten
- Unzureichendes Sollrollenkonzept
- Zugriffsrechte auf sensible Daten sind zu weitreichend
- Unzureichender Rechtevergabeprozess für privilegierte Benutzerkennungen
- Rechte werden trotz Rollenkonzept direkt an Einzelnutzer vergeben
- Dienstleisterberechtigungen werden intransparent vergeben
- Unzureichende Durchführung der Rezertifizierung.

4.3.3.3.5 IT-Projekte und Anwendungsentwicklung

Beide Regelungsaspekte sind im Zusammenhang mit RPA von Relevanz. Insbesondere die (erstmalige) Einführung von RPA dürfte die Anforderungen an ein IT-Projekt erfüllen. Genauso wird die Erstellung von Bots regelmäßig als Anwendungsentwicklung eingestuft. Daher sind die Inhalte beider „Anforderungspakete" umzusetzen:

Wesentliche Veränderungen in den IT-Systemen im Rahmen von IT-Projekten, deren Auswirkung auf die IT-Aufbau- und IT-Ablauforganisation sowie die dazugehörigen IT-Prozesse sind im Rahmen einer Auswirkungsanalyse zu bewerten (vgl. AT 8.2 Tz. 1 MaRisk). Im Hinblick auf den erstmaligen Einsatz sowie auf wesentliche Veränderungen von IT-Systemen, sind die Anforderungen des AT 7.2 (insbesondere Tz. 3 und Tz. 5) MaRisk, AT 8.2 Tz. 1 MaRisk sowie AT 8.3 Tz. 1 MaRisk zu erfüllen (BaFin, 2017).

Die organisatorischen Grundlagen für IT-Projekte und die Kriterien für deren An-wendung sind zu regeln.

IT-Projekte sind angemessen unter Berücksichtigung ihrer Ziele und Risiken im Hin-blick auf die Dauer, Ressourcen und Qualität zu steuern. Hierfür sind Vorgehensmodelle festzulegen, deren Einhaltung zu überwachen ist.

Das Portfolio der IT-Projekte ist angemessen zu überwachen und zu steuern. Dabei ist zu berücksichtigen, dass auch aus Abhängigkeiten verschiedener Projekte voneinander Ri-siken resultieren können.

Über wesentliche IT-Projekte und IT-Projektrisiken wird der Geschäftsleitung regel-mäßig und anlassbezogen berichtet. Wesentliche Projektrisiken sind im Risikomanagement zu berücksichtigen.

Die Anwendungsentwicklung wird in den BAIT umfassend reglementiert (BaFin, 2017):

Für die Anwendungsentwicklung sind angemessene Prozesse festzulegen, die Vor-gaben zur Anforderungsermittlung, zum Entwicklungsziel, zur (technischen) Umsetzung (einschließlich Programmierrichtlinien), zur Qualitätssicherung sowie zu Test, Abnahme und Freigabe enthalten. Anwendungsentwicklung umfasst u. a. die Erstellung von Software für Geschäfts- und Unterstützungsprozesse (einschließlich individueller Datenverarbeitung – IDV). Die Ausgestaltung der Prozesse erfolgt risikoorientiert.

Mit Blick auf die Finanzdienstleistungsbranche wird hier häufig auf ein etabliertes Phasenmodell abgestellt (Claaßen, 2015). Dieses Modell gliedert sich in die vier Phasen:

- Analyse
- Design
- Entwicklung und Test
- Produktivnahme.

Wichtig ist hierbei, für jede Phase dieses Modells exakte Verantwortlichkeiten zu definieren.

Die inhaltlichen Anforderungen an die einzelnen Phasen werden dann in den BAIT feingliedrig definiert (BaFin, 2017). Das in Kap. 2 beschriebene (erweiterte) Phasenmodell berücksichtigt die im folgenden skizzierten Aspekte:

Anforderungen an die Funktionalität der Anwendung müssen ebenso erhoben, bewertet, dokumentiert und genehmigt werden wie nicht funktionale Anforderungen. Zu jeder Anforderung sind entsprechende Akzeptanz- und Testkriterien zu definieren. Die Verantwortung für die Erhebung, Bewertung und Genehmigung der fachlichen Anforderungen (funktional und nicht funktional) haben die fachlich verantwortlichen Stellen zu tragen. Anforderungsdokumente können sich nach Vorgehensmodell unterscheiden und beinhalten beispielsweise:

- Fachkonzept (Lastenheft)
- Technisches Fachkonzept (Pflichtenheft)
- User-Story/Product Back-Log.

Nichtfunktionale Anforderungen an IT-Systeme sind beispielsweise:

- Anforderungen an die Informationssicherheit
- Zugriffsregelungen
- Ergonomie
- Wartbarkeit
- Antwortzeiten
- Resilienz

Im Rahmen der Anwendungsentwicklung sind je nach Schutzbedarf angemessene Vorkehrungen zu treffen, so dass auch nach jeder Produktivsetzung einer Anwendung die Vertraulichkeit, Integrität, Verfügbarkeit und Authentizität der zu verarbeitenden Daten nachvollziehbar sichergestellt werden. Geeignete Vorkehrungen sind z. B.:

- Prüfung der Eingabedaten
- Systemzugangskontrolle

- Benutzerauthentifizierung
- Transaktionsautorisierung
- Protokollierung der Systemaktivität
- Prüfpfade (Audit Logs)
- Verfolgung von sicherheitsrelevanten Ereignissen
- Behandlung von Ausnahmen.

Die Integrität der Anwendung (insbesondere des Quellcodes) ist angemessen sicherzustellen. Zudem müssen u. a. Vorkehrungen getroffen werden, die erkennen lassen, ob eine Anwendung versehentlich geändert oder absichtlich manipuliert wurde. Eine geeignete Vorkehrung unter Berücksichtigung des Schutzbedarfs kann die Überprüfung des Quellcodes sein. Die Überprüfung des Quellcodes ist eine methodische Untersuchung zur Identifizierung von Risiken.

Die Anwendung sowie deren Entwicklung sind übersichtlich und für sachkundige Dritte nachvollziehbar zu dokumentieren. Die Dokumentation der Anwendung umfasst mindestens folgende Inhalte:

- Anwenderdokumentation
- Technische Systemdokumentation
- Betriebsdokumentation.

Zur Nachvollziehbarkeit der Anwendungsentwicklung trägt beispielsweise eine Versionierung des Quellcodes und der Anforderungsdokumente bei.

Es ist eine Methodik für das Testen von Anwendungen vor ihrem erstmaligen Einsatz und nach wesentlichen Änderungen zu definieren und einzuführen. Die Tests haben in ihrem Umfang die Funktionalität der Anwendung, die implementierten Maßnahmen zum Schutz der Informationen und bei Relevanz die Systemleistung unter verschiedenen Stressbelastungsszenarien einzubeziehen. Die fachlich zuständigen Stellen haben die Durchführung von Abnahmetests zu verantworten. Testumgebungen zur Durchführung der Abnahmetests haben in für den Test wesentlichen Aspekten der Produktionsumgebung zu entsprechen. Testaktivitäten und Testergebnisse sind zu dokumentieren. Die Testdurchführung erfordert einschlägige Expertise der Tester sowie eine angemessen ausgestaltete Unabhängigkeit von den Anwendungsentwicklern. Der Schutzbedarf der zum Test verwendeten Daten ist zu berücksichtigen.

Eine Testdokumentation enthält mindestens folgende Punkte:

- Testfallbeschreibung
- Dokumentation der zugrunde gelegten Parametrisierung des Testfalls
- Testdaten
- erwartetes Testergebnis
- erzieltes Testergebnis
- aus den Tests abgeleiteten Maßnahmen.

Nach Produktivsetzung der Anwendung sind mögliche Abweichungen vom Regelbetrieb zu überwachen, deren Ursachen zu untersuchen und ggf. Maßnahmen zur Nachbesserung zu veranlassen. Hinweise auf erhebliche Mängel können z. B. Häufungen von Abweichungen vom Regelbetrieb sein.

Ein angemessenes Verfahren für die Klassifizierung/Kategorisierung (Schutzbedarfsklasse) und den Umgang mit den von Mitarbeitern des Fachbereichs entwickelten oder betriebenen Anwendungen ist festzulegen (Individuelle Datenverarbeitung – IDV). Die Einhaltung von Programmierrichtlinien wird auch für die entwickelten IDV-Anwendungen sichergestellt. Jede Anwendung wird einer Schutzbedarfsklasse zugeordnet. Übersteigt der ermittelte Schutzbedarf die technische Schutzmöglichkeit einer Anwendung, werden Schutzmaßnahmen in Abhängigkeit der Ergebnisse der Schutzbedarfsklassifizierung ergriffen (BaFin, 2017).

Eine in der Praxis etablierte Methode zur Ermittlung des Schutzbedarfs ist beispielsweise die des Bundesamtes für Sicherheit in der Informationstechnik (Bundesamt für Sicherheit in der Informationstechnik, 2017).

Die Vorgaben zur Identifizierung aller von Mitarbeitern des Fachbereichs entwickelten oder betriebenen Anwendungen, zur Dokumentation, zu den Programmierrichtlinien und zur Methodik des Testens, zur Schutzbedarfsfeststellung und zum Rezertifizierungsprozess der Berechtigungen sind zu regeln (z. B. in einer IDV-Richtlinie). Für einen Überblick und zur Vermeidung von Redundanzen wird ein zentrales Register für Anwendungen geführt und es werden mindestens folgende Informationen erhoben:

- Name und Zweck der Anwendung
- Versionierung, Datumsangabe
- Fremd- oder Eigenentwicklung
- Fachverantwortliche(r) Mitarbeiter
- Technisch verantwortliche(r) Mitarbeiter
- Technologie
- Ergebnis der Risikoklassifizierung/Schutzbedarfseinstufung und ggf.
- die daraus abgeleiteten Schutzmaßnahmen.

▶   **Important**   Alle vorgenannten Anforderungen sind für Implementierung und Betrieb von RPA-Lösungen ausnahmslos zu gewährleisten. Die dabei zu treffenden Festlegungen und die parallel zu regelnden Aspekte liefern jedoch insofern einen betrieblichen Mehrwert, als sie zum dauerhaften Erfolg des RPA-Einsatzes beitragen.

In der Praxis ist eine zweiphasige Projektvorgehensweise empfehlenswert (die dem in Kap. 2 beschriebenen Modell nicht widerspricht, sondern vielmehr einen ablauforientierten Rahmen für die Anwendung des dort beschriebenen Modells bietet):

Die erste Phase hat dabei das Ziel, die neu eingeführten Technologien in der Bank zu verankern und den dafür erforderlichen technischen Rahmen zu schaffen. Dazu zählt zu-

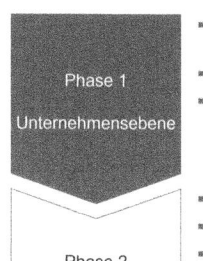

- Ziel: Verankerung (also Kennenlernen, erstes Nutzen und produktiv einsetzen) der RPA-Technologie im Unternehmen
- Aufbau IT-Infrastruktur muss bereits prüfungssicher erfolgen
- Operative Integration im Unternehmen durch Betriebsmodell (insb. Organisationsrichtlinien, Prozesse, Personal, Steuerung) und Governance

- Ziel: Automatisierung möglichst vieler Prozesse (Hebung eines möglichst großen Potenzials)
- Analyse bestehender Prozesse auf Automatisierungspotenzial
- Lösungs- und Umsetzungskonzepte
- Technische Realisierung und fachliche Prüfung
- Revision überwacht Vorgehen prüferisch

Abb. 4.8 Vorgehensweise RPA-Einsatz auf übergeordneter Ebene. (Eigene Darstellung angelehnt an Tomani, 2005)

nächst der prüfungssichere Aufbau der IT-Infrastruktur. Neben den technischen Voraussetzungen ist die operative Verankerung in der Bank zu gewährleisten. Hier sind die Handlungsfelder „Organisationsrichtlinien", „Prozesse", „Personal" und „Steuerung" in einem Betriebsmodell und die Schaffung einer adäquaten Governance mit Leben zu füllen. So wird sichergestellt, dass alle aufsichtsrechtlichen Vorgaben erfüllt werden und der laufende Betrieb sowie die Automatisierung neuer Prozesse organisiert sind. Abschließend erfolgt die Befähigung der Mitarbeitenden zur Nutzung der RPA-Technologie.

In der zweiten Phase wird dann die Prozessebene betrachtet. Zunächst erfolgt eine Analyse bestehender Vorgänge vor dem Hintergrund möglicher Standardisierungs- und Automatisierungspotenziale. Im Anschluss wird ein entsprechendes Lösungs- und Umsetzungskonzept für die Optimierung der Prozesse erstellt, gefolgt von der technischen Realisierung sowie der fachlichen Prüfung. Abschließend erfolgen der Rollout und die bankweite Kommunikation, unter die auch die Schaffung von Akzeptanz im gesamten Institut sowie die Verstetigung der neuen Lösung fallen. Der Revision fällt in diesem Zusammenhang als wesentlicher Bestandteil der qualitativen Bankenaufsicht die Rolle zu, die Erfüllung dieser Anforderungen adäquat prüferisch zu überwachen und zu bewerten (Tomani, 2005).

Abb. 4.8 fasst das beschrieben Vorgehen zusammen.

4.3.3.3.6 IT-Betrieb
Der IT-Betrieb hat die Anforderungen, die sich aus der Umsetzung der Geschäftsstrategie sowie aus den IT-unterstützten Geschäftsprozessen ergeben, zu erfüllen (vgl. AT 7.2 Tz. 1 und Tz. 2 MaRisk).

Die Komponenten der IT-Systeme und deren Beziehungen zueinander sind in geeigneter Weise zu verwalten und die hierzu erfassten Bestandsangaben regelmäßig sowie anlassbezogen zu aktualisieren.

Das Portfolio aus IT-Systemen bedarf der Steuerung. IT-Systeme sollten regelmäßig aktualisiert werden. Risiken aus veralteten bzw. nicht mehr vom Hersteller unterstützten IT-Systemen sind zu steuern (Lebenszyklus-Management).

Die Prozesse zur Änderung von IT-Systemen sind abhängig von Art, Umfang, Komplexität und Risikogehalt auszugestalten und umzusetzen. Dies gilt auch für Neu- bzw. Ersatzbeschaffungen von IT-Systemen, sowie für sicherheitsrelevante Nachbesserungen (Sicherheitspatches).

Änderungen von IT-Systemen sind in geordneter Art und Weise aufzunehmen, zu dokumentieren, unter Berücksichtigung möglicher Umsetzungsrisiken zu bewerten, zu priorisieren, zu genehmigen sowie koordiniert und sicher umzusetzen. Auch für zeitkritische Änderungen von IT-Systemen sind geeignete Prozesse einzurichten.

Die Meldungen über ungeplante Abweichungen vom Regelbetrieb (Störungen) und deren Ursachen sind in geeigneter Weise zu erfassen, zu bewerten, insbesondere hinsichtlich möglicherweise resultierender Risiken zu priorisieren und entsprechend festgelegter Kriterien zu eskalieren. Hierzu sind Standardvorgehensweisen z. B. für Maßnahmen und Kommunikation sowie Zuständigkeiten (z. B. für Schadcode auf Endgeräten, Fehlfunktionen) zu definieren. Bearbeitung, Ursachenanalyse und Lösungsfindung inkl. Nachverfolgung sind zu dokumentieren. Ein geordneter Prozess zur Analyse möglicher Korrelationen von Störungen und deren Ursachen muss vorhanden sein. Der Bearbeitungsstand offener Meldungen über Störungen, wie auch die Angemessenheit der Bewertung und Priorisierung, ist zu überwachen und zu steuern. Das Institut hat geeignete Kriterien für die Information der Beteiligten (z. B. Geschäftsleitung, zuständige Aufsichtsbehörde) über Störungen festzulegen.

Die Vorgaben für die Verfahren zur Datensicherung (ohne Datenarchivierung) sind schriftlich in einem Datensicherungskonzept zu regeln. Die im Datensicherungskonzept dargestellten Anforderungen an die Verfügbarkeit, Lesbarkeit und Aktualität der Kunden- und Geschäftsdaten sowie an die für deren Verarbeitung notwendigen IT-Systeme sind aus den Anforderungen der Geschäftsprozesse und den Geschäftsfortführungsplänen abzuleiten. Die Verfahren zur Wiederherstellung und zur Gewährleistung der Lesbarkeit der Daten sind regelmäßig, mindestens jährlich, im Rahmen einer Stichprobe sowie anlassbezogen zu testen.

Der aktuelle Leistungs- und Kapazitätsbedarf der IT-Systeme ist zu erheben. Der zukünftige Leistungs- und Kapazitätsbedarf ist abzuschätzen. Die Leistungserbringung ist zu planen und zu überwachen, um insbesondere Engpässe zeitnah zu erkennen und angemessen zu reagieren. Bei der Planung sind Leistungs- und Kapazitätsbedarf von Informationssicherheitsmaßnahmen zu berücksichtigen (BaFin, 2017).

Ein praktisches Beispiel soll den RPA-Bezug dieses Regelungskanons illustrieren:

Example

Was passiert beispielsweise, wenn sich durch Updates die Oberfläche der zu bedienenden Software ändert? Eine Änderung des User Interfaces kann dazu führen, dass der Robot angepasst werden muss. Stabilität und Verlässlichkeit sind Grundvoraussetzungen eines jeden Robots für den Roll-out und den fortlaufenden Betrieb. Diese Voraussetzungen sind durch ordnungsgemäße Integration in den IT-Betrieb des Unternehmens und in dessen sogenanntes „Change-Management" von Anfang an sicherstellen. ◄

4.3.3.3.7 Auslagerung und sonst. Fremdbezug von IT-Dienstleistungen

IT-Dienstleistungen umfassen alle Ausprägungen des Bezugs von IT; dazu zählen insbesondere die Bereitstellung von IT-Systemen, Projekte/Gewerke oder Personalgestellung. Die Auslagerungen der IT-Dienstleistungen haben die Anforderungen nach AT 9 der MaRisk zu erfüllen (BaFin, 2021). Dies gilt auch für Auslagerungen von IT-Dienstleistungen, die dem Institut wie bei der RPA durch ein Dienstleistungsunternehmen über ein Netz bereitgestellt werden (z. B. Rechenleistung, Speicherplatz, Plattformen oder Software) und deren Angebot, Nutzung und Abrechnung dynamisch und an den Bedarf angepasst über definierte technische Schnittstellen sowie Protokolle erfolgen (Cloud-Dienstleistungen).

> ▶ **Important** Das Institut hat auch beim im Zusammenhang mit RPA üblicherweise einschlägigen sonstigen Fremdbezug von IT-Dienstleistungen die allgemeinen Anforderungen an die Ordnungsmäßigkeit der Geschäftsorganisation gemäß § 25a Abs. 1 KWG zu beachten (vgl. AT 9 Tz. 1 – Erläuterungen – MaRisk).
> Bei jedem Bezug von Software sind die damit verbundenen Risiken angemessen zu bewerten (vgl. AT 7.2 Tz. 4 Satz 2 MaRisk).

Wegen der grundlegenden Bedeutung der IT für das Institut ist auch für jeden sonstigen Fremdbezug von IT-Dienstleistungen vorab eine Risikobewertung durchzuführen. Der sonstige Fremdbezug von IT-Dienstleistungen ist im Einklang mit den Strategien unter Berücksichtigung der Risikobewertung des Instituts zu steuern. Die Erbringung der vom Dienstleister geschuldeten Leistung ist entsprechend der Risikobewertung zu überwachen. Die aus der Risikobewertung zum sonstigen Fremdbezug von IT-Dienstleistungen abgeleiteten Maßnahmen sind angemessen in der Vertragsgestaltung zu berücksichtigen. Die Ergebnisse der Risikobewertung sind in angemessener Art und Weise im Managementprozess des operationellen Risikos, vor allem im Bereich der Gesamtrisikobewertung des hier besonders einschlägigen operationellen Risikos, zu berücksichtigen.

Die Risikobewertungen in Bezug auf den sonstigen Fremdbezug von IT-Dienstleistungen sind regelmäßig und anlassbezogen zu überprüfen und ggf. inkl. der Vertragsinhalte anzupassen (Becker, 2018).

4.3.3.3.8 IT-Notfallmanagement

Das Institut hat Ziele zum Notfallmanagement zu definieren und hieraus abgeleitet einen Notfallmanagementprozess festzulegen. Für Notfälle in zeitkritischen Aktivitäten und Prozessen ist Vorsorge zu treffen (Notfallkonzept). Die im Notfallkonzept festgelegten Maßnahmen müssen dazu geeignet sein, das Ausmaß möglicher Schäden zu reduzieren (vgl. AT 7.3 Tz. 1 MaRisk). Das Notfallkonzept muss Geschäftsfortführungs- sowie Wiederherstellungspläne umfassen. Im Fall der Auslagerung von zeitkritischen Aktivitäten und Prozessen haben das auslagernde Institut und das Auslagerungsunternehmen über aufeinander abgestimmte Notfallkonzepte zu verfügen (vgl. AT 7.3 Tz. 2 MaRisk). Die Wirksamkeit und Angemessenheit des Notfallkonzeptes sind regelmäßig zu überprüfen.

Für zeitkritische Aktivitäten und Prozesse ist sie für alle relevanten Szenarien mindestens jährlich und anlassbezogen nachzuweisen (vgl. AT 7.3 Tz. 3 MaRisk, Berndt et al., 2018).

Die Ziele und Rahmenbedingungen des IT-Notfallmanagements sind auf Basis der Ziele des Notfallmanagements festzulegen. Das Institut hat auf Basis des Notfallkonzepts für IT-Systeme, welche zeitkritische Aktivitäten und Prozesse unterstützen, IT-Notfallpläne zu erstellen.

Die Wirksamkeit der IT-Notfallpläne ist durch mindestens jährliche IT-Notfalltests zu überprüfen. Die Tests müssen IT-Systeme, welche zeitkritische Aktivitäten und Prozesse unterstützen, vollständig abdecken. Abhängigkeiten zwischen IT-Systemen bzw. von gemeinsam genutzten IT-Systemen sind angemessen zu berücksichtigen. Hierfür ist ein IT-Testkonzept zu erstellen (BaFin, 2017).

▶   **Important** Auch hier sei noch einmal darauf hingewiesen, dass es in einem ersten Schritt zielführend sein könnte, den RPA-Einsatz auch durch eine entsprechende strategische Festlegung zunächst auf die nicht zeitkritischen Tätigkeitsfelder zu begrenzen. Ein Robot ist schließlich nicht in der Lage, unvorbereitete Entscheidungen zu treffen.

4.3.3.3.9 Kritische Infrastrukturen

Die diesbezüglichen aufsichtsrechtlichen Anforderungen – im Kontext mit den anderen Kapiteln der BAIT und den sonstigen einschlägigen bankaufsichtlichen Anforderungen in Bezug auf die Sicherstellung angemessener Vorkehrungen zur Gewährleistung von Verfügbarkeit, Integrität, Authentizität und Vertraulichkeit der Informationsverarbeitung – eigens an die Betreiber kritischer Infrastrukturen (KRITIS-Betreiber1).

Die Regelung in der BAIT ergänzt insoweit die bankaufsichtlichen Anforderungen an die IT um Anforderungen an die wirksame Umsetzung besonderer Maßnahmen zum Erreichen des KRITIS-Schutzziels. Als KRITIS-Schutzziel wird nachfolgend das Bewahren der Versorgungssicherheit der Gesellschaft mit den in § 7 BSI-Kritisverordnung genannten kritischen Dienstleistungen (Bargeldversorgung, kartengestützter Zahlungsverkehr, konventioneller Zahlungsverkehr sowie Verrechnung und Abwicklung von Wertpapier- und Derivatgeschäften) verstanden, da deren Ausfall oder Beeinträchtigung zu erheblichen Versorgungsengpässen oder zu Gefährdungen der öffentlichen Sicherheit führen könnte. Für kritische Dienstleistungen sind von den jeweiligen KRITIS-Betreibern (und im Falle von Auslagerungen zusätzlich von ihren IT-Dienstleistern) geeignete Maßnahmen zu beschreiben und wirksam umzusetzen, die die Risiken für den sicheren Betrieb kritischer Infrastrukturen auf ein dem KRITIS-Schutzziel angemessenes Niveau senken. Hierzu müssen sich die KRITIS-Betreiber sowie ihre IT-Dienstleister an den einschlägigen Standards orientieren und Konzepte der Hochverfügbarkeit berücksichtigen. Dabei soll der Stand der Technik eingehalten werden. Dieses Kapitel kann optional verwendet werden, um im Rahmen einer Jahresabschlussprüfung den Nachweis nach § 8a Abs. 3 BSIG zu erbringen. Dazu müssen alle informationstechnischen Systeme, Komponenten oder Prozesse der kritischen Infrastrukturen in der Prüfung komplett abgedeckt sein.

Alternativ können die KRITIS-Betreiber einen unternehmensindividuellen Ansatz verfolgen oder einen branchenspezifischen Sicherheitsstandard (B3S) gemäß § 8a Abs. 2 BSIG erstellen. Der Nachweis gemäß § 8a Abs. 3 BSIG ist in diesen Fällen unter Hinzuziehung einer geeigneten prüfenden Stelle (siehe einschlägige FAQ auf der BSI-Website) zu erstellen (BaFin, 2017).

Der Geltungsbereich der kritischen Infrastrukturen innerhalb des Informationsverbundes ist eindeutig zu kennzeichnen. Hierbei sind alle relevanten Schnittstellen einzubeziehen.

Alle einschlägigen Anforderungen der BAIT und der sonstigen aufsichtlichen Anforderungen sind nachvollziehbar auch auf alle Komponenten und Bereiche der kritischen Dienstleistung anzuwenden.

Kritische Dienstleistungen sind angemessen zu überwachen. Mögliche Auswirkungen von Sicherheitsvorfällen, auch auf die kritischen Dienstleistungen, sind zu bewerten.

Im Rahmen des Informationsrisiko- und Informationssicherheitsmanagements gemäß den BAIT-Kap. 3 und 4. ist das KRITIS-Schutzziel zu beachten und Maßnahmen zu dessen Einhaltung wirksam umzusetzen. Insbesondere sind Risiken, die die kritischen Dienstleistungen in relevantem Maße beeinträchtigen können, durch angemessene Maßnahmen der Risikominderung oder -vermeidung auf ein dem KRITIS-Schutzziel angemessenes Niveau zu senken. Hierzu sind insbesondere solche Maßnahmen geeignet, mit denen den Risiken für die Verfügbarkeit bei einem hohen und sehr hohen Schutzbedarf begegnet werden kann. Unter anderem sollten daher Konzepte der Hochverfügbarkeit geprüft und, soweit geeignet, angewandt werden.

Das KRITIS-Schutzziel ist von der Schutzbedarfsermittlung über die Definition angemessener Maßnahmen bis hin zur wirksamen Umsetzung dieser Maßnahmen, einschließlich der Implementierung und des regelmäßigen Testens entsprechender Notfallvorsorgemaßnahmen, stets mit zu berücksichtigen.

Die Nachweiserbringung gemäß § 8a Abs. 3 BSIG bzgl. der Einhaltung der Anforderungen gemäß § 8a Abs. 1 BSIG kann im Rahmen der Jahresabschlussprüfung erfolgen. Der KRITIS-Betreiber hat die einschlägigen Nachweisdokumente fristgerecht beim BSI einzureichen, entsprechend den jeweils gültigen Vorgaben des BSI (Becker, 2018).

▶   **Important** Der RPA-Anwender ist somit verpflichtet, sich vom ausgewählten Dienstleister frühzeitig die erforderlichen Nachweisdokumente zur Verfügung stellen lassen, diese im Detail zu überprüfen und sodann, soweit erforderlich, bei den zuständigen Behörden einzureichen.

4.3.3.4 Anforderungen an Modelle sowie technologiegestützte Innovationen und künstliche Intelligenz

Im Rahmen der anstehenden MaRisk-Novelle 2022 plant die BaFin die Umsetzung neuer Anforderungen an Modelle. Hierzu soll im Abschnitt AT 4.3 „Internes Kontrollsystem" ein neuer Unterabschnitt AT 4.3.5 „Modelle" ergänzt werden. Mit dem geplanten Vorhaben setzt die BaFin u. a. die Abschnitte 4.3.3 „Technologiegestützte Innovationen für die

Kreditvergabe" und 4.3.4 „Modelle für die Kreditwürdigkeitsprüfung und für Kreditent-
scheidungen" der EBA Guidelines on loan origination and monitoring um (European Banking Authority, 2020).

Erklärtes Ziel ist es, ein Regelwerk für alle Modelle im Kontext der MaRisk zu schaffen, wenngleich die spezifischen Anforderungen aus AT 4.1, AT 4.3.2 sowie BTR 2.1 und
BTR 3.1 auch in Zukunft unverändert gelten dürften.

Mit der ergänzenden Veröffentlichung eines Prinzipienpapiers für den Einsatz von Algorithmen in Entscheidungsprozessen, gibt die BaFin den Finanzinstituten darüber hinaus
Einsicht in vorläufige Überlegungen zu möglichen Mindestanforderungen für den Einsatz
von künstlicher Intelligenz (KI). Da KI- und RPA basierte Automatisierungen sehr häufig
kombiniert zum Einsatz gebracht werden, ist eine Betrachtung der diesbezüglichen Anforderungen der Aufsicht angebracht.

Einleitend in das Prinzipienpapier versucht die BaFin zunächst, den Begriff der künstlichen Intelligenz zu definieren, und stellt fest, dass zum jetzigen Zeitpunkt keine klare
Abgrenzung zu bestehenden klassischen statistischen Verfahren möglich ist.

Unter künstlicher Intelligenz versteht die BaFin die Symbiose von großen Datenmengen, hoher Rechenleistung und maschinellem Lernen. Maschinelles Lernen ist ein
Oberbegriff für Verfahren, die datengetrieben lernen. Hierbei wird nach Art der Algorithmen, Ergebnistypen (Klassifikation, Regression und Clustering) sowie Datentypen (Text,
Sprache, Bilddaten) differenziert (BaFin, 2021a).

Da maschinelles Lernen auf statistische Modelle zurückgreift, die bereits in Form von
klassischen Regressionen in Finanzinstituten genutzt werden, gelten die in diesem Papier
definierten Prinzipien grundsätzlich für alle Arten von Entscheidungsprozessen, die durch
Algorithmen unterstützt werden. Dies beinhaltet auch bereits etablierte statistische Ent-
scheidungsmodelle. Deshalb erkennt die BaFin eine Notwendigkeit zur Abgrenzung von
künstlicher Intelligenz zu diesen bestehenden Methoden. Hierfür wurden drei wesentliche
Merkmale definiert, die künstliche Intelligenz charakterisieren:

- Hohe Komplexität der zugrunde liegenden Algorithmen
- Kurze Rekalibrierungszyklen
- Hoher Grad an Automatisierung.

▶   **Important** Dennoch fehlt bei dieser Definition weiterhin die Trennschärfe zu den
    bereits in Banken verwendeten statistischen Regressionsmodellen. Deshalb ist zu
    erwarten, dass die Aufsicht die Definition präzisieren wird.

Die Prinzipien sollen Banken Orientierungshilfe bieten, ohne ihre Technologieneutrali-
tät einzuschränken:

1. Übergeordnete Prinzipien

Für die Verwendung von künstlicher Intelligenz sind nach Auffassung der BaFin Richtlinien durch die Geschäftsleitung zu definieren. In diesen Richtlinien sollten sowohl das Potenzial als auch die Grenzen und Risiken der Technologie erfasst, risikolimitierende Maßnahmen festgelegt und die bestehenden IT-Strategien entsprechend erweitert werden.

Hierfür ist eine umfassende Analyse potenzieller Schäden durch sowohl unmittelbare fehlerhafte algorithmenbasierte Entscheidungen als auch wechselseitige Abhängigkeiten zwischen verschiedenen KI-Anwendungen vorzunehmen. Um diese Anforderungen adäquat zu erfüllen, muss das notwendige technische Verständnis für künstliche Intelligenz direkt im Vorstand etabliert werden.

Neben der Festlegung der Verantwortlichkeit im Vorstand hebt die BaFin in den übergeordneten Prinzipien die Bedeutung der Vermeidung systematischer Verzerrungen (Bias) sowie der Beachtung von bestehenden, gesetzlich untersagten Differenzierungen hervor. Die Einhaltung dieser Prinzipien hängt entscheidend von den zugrunde liegenden Trainingsdaten ab.

Unter einer systematischen Verzerrung versteht man die Voreingenommenheit der KI, welche durch fehlerhafte oder unvollständige Daten oder durch mangelhafte Verarbeitung hervorgerufen wird. Dabei übernimmt der Computer die bewusste oder auch unbewusste menschliche Voreingenommenheit und leitet daraus logische Schlüsse ab. Dadurch können Personengruppen, Ethnien oder Minderheiten systematisch diskriminiert und benachteiligt werden.

Ein bekanntes Beispiel für Verzerrungen, die durch künstliche Intelligenz hervorgerufen wurden, ist die Bevorzugung weißer Männer bei der Besetzung von Stellen bei einem Onlineversandhändler. Dort hatte der Algorithmus aus den Trainingsdaten geschlossen, dass weiße Männer erfolgreicher im Unternehmen arbeiteten. Dieses Ergebnis war jedoch aufgrund der zugrunde liegenden Trainingsdaten verzerrt. Solche Diskriminierungen können durch menschliche Vorurteile entstehen oder auch durch die Verwendung von bestimmten Merkmalen, welche bereits nach geltenden Gesetzen nicht zur Differenzierung genutzt werden dürfen. Theoretisch könnten diese Überlegungen auch auf einen KI-gesteuerten Kreditvergabeprozess übertragen werden.

Dieses Beispiel macht deutlich, wie wichtig die Auswahl und Aufbereitung der Trainingsdaten ist, gleichzeitig zeigt es die Grenzen künstlicher Intelligenz auf. Der Computer lernt nicht nur, Zusammenhänge zu erkennen, er lernt auch durch unsere Vorurteile und Präferenzen. Zur Einhaltung dieser enormen Verantwortung, die mit der Auswahl der Daten einhergeht, fordert die BaFin deshalb einen übergeordneten Überprüfungsprozess, welcher jegliche Diskriminierung im Institut verhindern soll. Dies führt dazu, dass Institute ein noch höheres Interesse für qualitativ hochwertige Daten entwickeln müssen, und birgt die Chance, bisher etablierte Diskriminierungen in Prozessen aufzudecken und Entscheidungen zukünftig fairer zu treffen.

2. Spezifische Prinzipien für die Entwicklungsphase

Neben den übergeordneten Leitlinien werden sowohl Prinzipien für die Entwicklung von KI-Anwendungen als auch für ihre spätere Verwendung formuliert (BaFin, 2021a).

Die BaFin fordert die Dokumentation und Speicherung der Trainingsdaten sowie eine hohe Datenqualität und hinreichende Quantität. Nur durch diese Datenspeicherung ist es möglich, nachträglich Daten zu identifizieren, die zu Verzerrungen in den KI-Entscheidungen geführt haben und deshalb in einem Validierungsprozess aus der Trainingsdatenmenge entfernt werden müssen. Dadurch wird die Nachvollziehbarkeit und Reproduzierbarkeit der KI-Ergebnisse ermöglicht.

Wobei zu beachten ist, dass besonders komplizierte Modelle für KI – wie beispielsweise neuronale Netze – kaum die Anforderung der Nachvollziehbarkeit erfüllen können. Damit schränkt die BaFin Finanzinstitute in der Komplexität von KI und der damit verbundenen Chance durch ihre Nutzung ein.

Die Einführung von KI-Lösungen erfordert neben der Auswahl von qualitativ hochwertigen Trainingsdaten auch beispielsweise die Aufbereitung dieser Trainingsdaten, die Auswahl geeigneter Algorithmen sowie die Festlegung von Parametern. Erst durch das Ausprobieren verschiedener Modelle kann eine geeignete KI entwickelt werden. Deshalb fordert die BaFin die Dokumentation und Begründung der Modellauswahl, Modellkalibrierung und der Modellvalidierung und damit auch indirekt die Überprüfung mehrerer Modelle zur Identifizierung eines geeigneten Modells.

3. Spezifische Prinzipien für die Anwendung

Mithilfe von künstlicher Intelligenz können Prozesse automatisiert und Entscheidungen durch den Computer getroffen werden. Um eine hohe Qualität dieser Entscheidungen sicherzustellen und sie zu interpretieren, sind eine regelmäßige Validierung und die stetige Kontrolle durch den Menschen unerlässlich. Diese wichtige Rolle erkennt die BaFin an und formuliert hierfür mehrere Mindestanforderungen.

Die Kontrollmechanismen durch den Menschen sollen durch die folgenden Tätigkeiten (Mindestanforderungen) sichergestellt werden:

Aufgrund der Verwendung von KI-Ergebnissen als Input für weitere KI-Anwendungen müssen mögliche Risikoaggregationen berücksichtigt und erfasst werden. Das bedeutet, dass für jede KI-Anwendung geprüft werden muss, ob die Inputdaten bereits durch eine KI bestimmt wurden und welche Fehler dadurch entstehen können. Dies könnte beispielsweise der Fall sein, wenn in einem KI-gestützten Kreditvergabeprozess die Kreditwürdigkeit eines Kunden mittels künstlicher Intelligenz bestimmt wurde. Auf diese Weise kann eine Ungenauigkeit bei der Festlegung der Kreditwürdigkeit zu weiteren Ungenauigkeiten und Fehlern im Vergabeprozess führen.

Unabhängig von der Geschäftskritikalität der Applikation muss der Output aus der KI-Anwendung auf seine Korrektheit und Interpretierbarkeit überprüft werden. Mit solchen Interpretierbarkeitsanalysen (z. B. Einstellung von überwiegend weißen

Männern aufgrund von Vorurteilen) können Fehler oder Ungenauigkeiten in den Trainingsdaten identifiziert werden.

Durch plausible Interpretation, die über reine Freigabeprozesse hinausgeht, z. B. durch einen Limitprozess, können frühzeitig Überprüfungsprozesse der KI-Anwendung ausgelöst werden. Für solch einen Limitprozess kann beispielsweise bei einer Anwendung zur Betrugserkennung die Quote der erkannten Betrugsversuche genutzt werden. Verändert sich diese Quote im Laufe der Zeit, so wird eine Interpretierbarkeitsprüfung angestoßen. Eine Prozessanpassung zur Minimierung von Betrug könnte den Rückgang einer solchen Quote erklären. Kann jedoch keine Begründung für veränderte Ergebnisse gefunden werden, so ist eine Überprüfung des gesamten Algorithmus, der Inputdaten sowie der getroffenen Parameter vorzunehmen.

Darüber hinaus fordert die BaFin zukünftig auch die Etablierung von Notfallmaßnahmen bei Ausfall der KI-Anwendung für geschäftskritische Prozesse. In der Bankpraxis kommen RPA aktuell eher nicht in zeitkritischen Prozessen zum Einsatz, da ansonsten die Herausforderung bestünde, im Rahmen des Business-Continuity-Managements funktionierende Geschäftsfortführungskonzeptionen bereitzuhalten und damit der durch den RPA-Einsatz erzielte Effizienzgewinn durch das Vorhalten einer Doppelstruktur sogleich wieder zunichte gemacht würde.

Die BaFin skizziert darüber hinaus weitere Pflichten, wie die turnusmäßige Validierung der Anwendung und zudem auch eine Ad-hoc-Validierung beispielsweise bei häufigen Entscheidungsabweichungen, neuen externen oder internen Risiken. Die konkrete Umsetzung dieses Positionspapiers wird einer zukünftigen MaRisk-Novelle vorbehalten werden, sollte aber gleichwohl bei Implementierungsentscheidungen bereits heute bedacht werden und scheint, sofern heute noch nicht, zumindest sehr zeitnah erfüllbar.

Bereits heute erfüllen Banken unter anderem im Rahmen des Risikomanagements umfangreiche Anforderungen an den Einsatz und die Kontrolle von KI-Technologien und werden damit bestehenden regulatorischen Vorgaben gerecht. Eine weitere zukunftsweisende Möglichkeit wäre allerdings die Zertifizierung durch die Aufsicht bzw. nach von der Aufsicht anerkannten Standards. Hier hält sich die BaFin im Vergleich zur EBA noch sehr stark zurück. Derartige seitens der Aufsicht anerkannte Zertifizierungen stärken einerseits das Anwendervertrauen in bestimmte Technologien und stellen zum anderen grundlegende regulatorische Anforderungen sicher. Insbesondere bei KI-Lösungen könnten auf diese Weise effektiv noch bestehende Unsicherheiten reduziert werden.

Auf supranationaler Ebene wird insbesondere der von der Europäischen Kommission im Entwurf vorgeschlagene EU AI Act signifikante Steuerungswirkung auf alle Unternehmen entfalten, die KI verwenden. Diese Verordnung soll festschreiben, wie sämtliche KI-Anwendungen hinsichtlich ihres Risikos klassifiziert werden und darauf risikoadäquate Regulierungsanforderungen aufbauen. Im April 2021 hat die Europäische Kommission ihren Vorschlag für eine Verordnung des Europäischen Parlaments und des Rates zur Festlegung harmonisierter Vorschriften für Künstliche Intelligenz (KI), auch bekannt als KI-Verordnung, vorgelegt. Der Verordnungsentwurf wird im Gesetzgebungsverfahren nun durch das Europäische Parlament und weitere EU-Gremien beraten. Zum Zeitpunkt des

Inkrafttretens ist heute noch keine verlässliche Prognose möglich, sodass für die Übergangszeit revisionsseitig durchaus auf nationale Standards zurückgegriffen werden kann.

So enthält der vom BSI bereitgestellte Artificial Intelligence Cloud Service Compliance Criteria Catalogue (AIC4) Mindestanforderungen an eine sichere Verwendung von maschinellem Lernen. In acht Kategorien werden hierfür konkrete Prüfkriterien vorgegeben. Auch der KI-Prüfkatalog des Fraunhofer IAIS enthält einen bereits heute praxistauglichen Leitfaden zur Identifikation KI-spezifischer Risiken in den Dimensionen Fairness, Autonomie und Kontrolle, Transparenz, Verlässlichkeit Sicherheit und Datenschutz. Diese beiden nationalen Kriterienkataloge haben zwar freiwilligen Charakter, sind aber bis zur Verabschiedung und zum Inkrafttreten des EU AI Act ausgesprochen hilfreiche Prüfungsunterstützungsinstrumente (vgl. hierzu auch BSI, 2023; EUR-Lex, 2021 und Fraunhofer, 2023).

4.3.4   Vergleichbare Regulierungsanforderungen in anderen Sektoren der Finanzbranche

Die aufsichtsrechtlichen Anforderungen an den RPA-Einsatz bei Versicherungsunternehmen, Kapitalanlagegesellschaften und Zahlungsdienstleistern, hier sind insbesondere die „Versicherungsaufsichtsrechtlichen Anforderungen an die IT", die „Kapitalverwaltungsaufsichtsrechlichen Anforderungen an die IT" und die „Zahlungsdiensteaufsichtsrechtlichen Anforderungen an die IT von Zahlungs- und E-Geld-Instituten" zu nennen, sind grundsätzlich vergleichbar und unterscheiden sich in erster Linie durch branchenspezifische Begriffsverwendungen. Die zuvor getroffenen Regulierungsanforderungen und die Hinweise zur Umsetzung können daher sinnentsprechend übertragen werden.

Ausdrücklich wird daher an dieser Stelle lediglich auf Spezifika für Zahlungsdienstleister eingegangen, da hier im Kap. 11 der BAIT entsprechende Anforderungen an die Ausgestaltung des Verhältnisses zwischen Bank und Zahlungsdienstleister definiert werden (BaFin, 2021b):

Die nach § 53 ZAG geforderten Risikominderungsmaßnahmen zur Beherrschung der operationellen und sicherheitsrelevanten Risiken beinhalten demnach auch Maßnahmen, mit denen die Zahlungsdienstnutzer für die Reduzierung, insbesondere von Betrugsrisiken, direkt adressiert werden. Dazu ist ein angemessenes Management der Beziehungen mit den Zahlungsdienstnutzern zu etablieren.

Die Bank hat Prozesse einzurichten und zu implementieren, durch die das Bewusstsein der Zahlungsdienstnutzer über die sicherheitsrelevanten Risiken in Bezug auf die Zahlungsdienste verbessert wird, indem die Zahlungsdienstnutzer unterstützt und beraten werden. Betroffen sind insbesondere Kommunikationsprozesse zur Sensibilisierung der eigenen Zahlungsdienstnutzer für Risiken bei der Nutzung von Zahlungsdiensten.

Die Sensibilisierung kann in Form allgemeiner Ansprachen (Informationen auf der Web-Seite) oder bei Bedarf durch individuelle Ansprachen erfolgen. Die Prozesse werden an die spezifische aktuelle Risiko- und Bedrohungslage angepasst und können sich in Bezug auf einzelne Zahlungsdienstnutzer unterscheiden. Die den Zahlungsdienstnutzern angebotene Unterstützung und Beratung sind aktuell zu halten und an neue Risikolagen anzupassen. Anpassungen sind dem Zahlungsdienstnutzer in angemessener Form zu kommunizieren. Das Institut hat – wenn die Produktfunktionalität es zulässt – dem Zahlungsdienstnutzer die Möglichkeit zu bieten, einzelne der angebotenen Zahlungsfunktionalitäten zu deaktivieren. Eine solche Deaktivierung kann z. B. eine Sperrmöglichkeit für Auslandsüberweisungen außerhalb des SEPA-Raums beinhalten. Entsprechende Anträge können online oder auch auf schriftlichem Wege übermittelt werden. Falls das Institut mit dem Zahlungsdienstnutzer Betragsobergrenzen vereinbart hat, ist dem Zahlungsdienstnutzer die Möglichkeit zu geben, die vereinbarten Grenzen anzupassen. Dies kann z. B. eine Anpassung des Tageslimits für Überweisungen im Online-Banking beinhalten.

Zur Erkennung von betrügerischer oder nicht autorisierter Nutzung der Zahlungskonten des Zahlungsdienstnutzers hat das Institut dem Zahlungsdienstnutzer die Möglichkeit einzuräumen, Benachrichtigungen über getätigte und fehlgeschlagene Transaktionen zu erhalten. Ziel ist es, dem Zahlungsdienstnutzer eine angemessene eigene Kontrolle der durchgeführten Transaktionen oder Transaktionsversuche zu ermöglichen, sodass betrügerische Transaktionen oder Betrugsversuche von diesem möglichst früh auch selbst erkannt werden können. Eine ständige und sofortige explizite Benachrichtigung über alle Transaktionen und Transaktionsversuche ist nicht erforderlich. Von der Bank selbst durchzuführende Betrugserkennungsmaßnahmen bleiben davon unberührt.

Die Bank hat die Zahlungsdienstnutzer zeitnah über Aktualisierungen der Sicherheitsverfahren zu informieren, die in Bezug auf die Erbringung von Zahlungsdiensten Auswirkungen auf die Zahlungsdienstnutzer haben. Der konkrete Kommunikationsweg wird vom Institut bestimmt. Dem Zahlungsdienstnutzer sollte die Möglichkeit gegeben werden, sich auf geänderte Prozesse angemessen einzustellen und sich vorzubereiten, um die Zahlungsdienste möglichst ohne Unterbrechungen nutzen zu können.

Die Bank hat die Zahlungsdienstnutzer in Bezug auf alle Fragen, Unterstützungsanfragen, Benachrichtigungen über Unregelmäßigkeiten oder alle sicherheitsrelevanten Fragen hinsichtlich der Zahlungsdienste zu unterstützen. Die Zahlungsdienstnutzer sind angemessen darüber zu informieren, wie sie diese Unterstützung erhalten können. Es werden angemessene und für alle Zahlungsdienstnutzer zu nutzende Kommunikationskanale eingerichtet. Diese können z. B. über die Web-Seiten, über technische Kommunikationskanäle oder in schriftlicher Kommunikation bekannt gemacht werden.

▶ **Important** Die Umsetzung der vorgenannten Pflichten, und dabei insbesondere sowohl die standardisierte Kundeninformation und -beratung als auch die Identifikation von nicht autorisierten Zahlungsvorgängen, bieten erfahrungsgemäß ein geeignetes und weites Einsatzfeld für RPA-Lösungen.

Am Beispiel der sogenannten Phishing-Prävention soll dies verdeutlicht werden:

Example

Der gesamte Prüfungsprozess einer eingehenden Nachricht kann von einem Bot übernommen werden. Er extrahiert kennzeichnende Elemente der Nachricht (URL und IP-Adressen), gleicht diese mit verdächtigen Informationsstrukturen ab, kontrolliert den Nachrichtenkopf und kann Anlagen automatisiert überprüfen. Im Falle eines Verdachts werden Mail und Anhänge automatisiert mit den passenden Schutzprogrammen überprüft bzw. Alarm angezeigt. Erst nach Ablauf der erfolgreichen Überprüfung ohne Beanstandung wird die Nachricht dann einem weiteren Prozessschritt übergeben. ◄

Bei allen möglichst gut zwischen Bank und Zahlungsdienstleister abzustimmenden Einsatzfeldern sind die vorgenannten aufsichtsrechtlichen Anforderungen umzusetzen.

4.3.5 Spezielle Anforderungen aus dem Betriebsverfassungsgesetz (BetrVerfG)

▶   **Important** Die Einführung und der Betrieb von RPA unterliegt unter bestimmten Umständen (u. a. Ausmaß und Folgen des geplanten RPA-Einsatzes und Betriebsgröße) auch der betrieblichen Mitbestimmung durch den Betriebsrat.

Als Anspruchsgrundlagen kommen hier insbesondere nachfolgende Regelungsinhalte infrage:

§ 87 BetrVerfG Mitbestimmungsrechte u. a. bei der Einführung und Anwendung von technischen Einrichtungen, die dazu bestimmt sind, das Verhalten oder die Leistung von Arbeitnehmern zu überwachen

§ 90 BetrVerfG Unterrichtungspflicht des Arbeitgebers u. a. über die Planung von Arbeitsverfahren und Arbeitsabläufen einschließlich des Einsatzes von Künstlicher Intelligenz

§ 97 BetrVerfG Mitbestimmung bei Maßnahmen zur Berufsbildung von Mitarbeitern, wenn der RPA-Einsatz dazu führt, dass sich die Tätigkeit der betroffenen Arbeitnehmer ändert

§ 111 BetrVerfG Unterrichtungspflicht über geplante Betriebsänderungen (Holzapfel, 2020)

▶   **Important** Ob die vorgenannten Regelungen einschlägig sind, hängt von der genauen Ausgestaltung der Automatisierung ab. Grundsätzlich ist aber anzuraten, die Mitarbeitervertretung bereits frühzeitig in die Überlegungen und Planungen zum RPA-Einsatz einzubeziehen.

4.3.6 Spezielle Anforderungen und Chancen aus der DSGVO

Das Datenschutzrecht ist dann zu beachten, wenn durch RPA personenbezogene Daten verarbeitet werden. Datenschutzrechtliche Probleme können u. a. dann auftreten, wenn durch die Prozessautomatisierung Entscheidungen getroffen werden, die unmittelbar gegenüber einem Menschen wirken, z. B. durch einen Chatbot. Nach Art. 22 DSGVO hat eine betroffene Person das Recht, nicht einer ausschließlich auf einer automatisierten Verarbeitung beruhenden Entscheidung unterworfen zu werden, die ihr gegenüber rechtliche Wirkung entfaltet oder sie in ähnlicher Weise erheblich beeinträchtigt.

▶   **Important** Dieses Verbot automatisierter Entscheidung kann einer Automatisierung eines Prozesses entgegenstehen. Verboten sind danach Systeme, die automatisch Verträge ablehnen, wenn bestimmte Parameter nicht erfüllt sind. Allerdings ist dieses Verbot nicht so strikt, wie es auf den ersten Blick zu sein scheint. Das Gesetz lässt hier verschiedene Möglichkeiten zu, wie dennoch ein solcher Prozess rechtssicher ausgestaltet werden könnte.

Herausfordernd sind auch RPA-Anwendungen, die im Bereich der sogenannten Smart-Data-Verfahren zum Einsatz kommen. Hier haben zuletzt das Warnschreiben der Landesbeauftragten für Datenschutz Niedersachsen vom 02.09.2022 (Landesbeauftragte für Datenschutz Niedersachsen, 2022) an Genossenschaftsbanken in Niedersachsen und das Urteil des EuGHs vom 1. August 2022, C184/20 (Europäischer Gerichtshof, 2022) für deutliche Verunsicherung gesorgt. Beide Quellen betreffen die Anwendung von Smart Data und Datenverarbeitungsverfahren personenbezogener Daten im Zusammenhang mit der werblichen Verarbeitung von Kundendaten, soweit sie auf den Rechtsgrundlagen in Artikel 6 Absatz 1 a und f DSGVO beruhen. Die Rechtsgrundlage ist bereits jetzt in dem Verarbeitungsverzeichnis des jeweils Verantwortlichen genannt. Für Verfahren, die auf Artikel 6 Absatz 1 b bis e DSGVO und nicht auf Hinweis- oder Einwilligungslösung beruhen (z. B. Verarbeitung für die Vertragserfüllung wie eine Bonitätsanalyse oder Erfüllung rechtlicher Pflichten), sind die Entwicklungen hier ohne Bedeutung. Insbesondere interne Steuerungsinstrumente der Banken sind nicht zwingend betroffen. Gleichwohl betroffen ist aber ein RPA-Einsatz z. B. zur automatisierten und systematisierten Generierung von Vertriebsanlässen. Dieser wurde bis dato von den Spitzenverbänden auf Basis einer sogenannten „Hinweislösung" (Kunde wird auf die Möglichkeit der Verarbeitung hingewiesen und im Rahmen einer bankinternen Datenschutzfolgeabschätzung wird die Einhaltung der datenschutzrechtlichen Vorgaben gutachterlich bewertet) als zulässig erachtet. Nach der Tendenz bei Aufsichtsbehörden und Gerichten wird die Datenverarbeitung über Interessenabwägung bei der Hinweislösung in Zukunft voraussichtlich noch weiter eingeengt werden, sodass zukünftig ein effizienter Einsatz wohl nur noch auf Basis einer

expliziten Einwilligungslösung möglich sein wird. Die aktuell bestehende Einwilligungs-
erklärung musste dazu weiterentwickelt werden. Neben der Klarstellung, zu der nicht
zweckgerichteten Verarbeitung besonderer Kategorien personenbezogener Daten, wurden
dabei auch Anforderungen an die zukünftige Datennutzung ergänzt. Von Seiten der Aufsichtsbehörden wurden daneben einige Klarstellungen hinsichtlich der Erhöhung der
Transparenz und Informiertheit gefordert, die ebenfalls in die Entwicklung mit ein-
geflossen sind.

Um gleichzeitig ebenso der Forderung nach einer höheren Granularität (Bestimmtheit
der Verarbeitungen und der Verarbeiter) in der Einwilligung nachzukommen, soll die neue
Einwilligung auch dahingehend optimiert werden, dass der Kunde über die Nutzung
einzelner Datenkategorien separat entscheiden kann (z. B. Zahlungsverkehrsdaten, On-
linenutzungsdaten und externe Daten). Neue Nutzungszwecke oder Datenkategorien sollen zukünftig (z. B. Analyse von Daten nach Art. 9 DSGVO) durch eine modulare Er-
weiterbarkeit zudem ergänzt werden können. Die neue Einwilligung schafft damit ausgehend von einer heutigen Bewertung eine noch höhere Rechtssicherheit und deckt bereits
weitere Anforderungen an in Planung befindliche Anwendungsfälle mit ab. Die neue Ein-
willigungserklärung soll mit hoher Priorität umgesetzt und zeitnah bereitgestellt und die
Kunden dann um Zustimmung gebeten werden. Die Einholung dieser Zustimmungs-
erklärungen bei allen Kunden selbst stellt dann ein außergewöhnlich geeignetes Einsatz-
gebiet für entsprechende RPA-Module dar. Das gilt im Übrigen auch für die Gewährleistung datenschutzrechtlicher Kundenanforderungen, wie das Recht des Bürgers auf Zugriff auf die gespeicherten Daten, das Recht des Bürgers auf Anforderung elektronischer
Kopien sämtlicher gespeicherter Daten, die Meldung von Datenschutzverletzungen sowie
für die automatisierte Datenlöschung. Alle diese Prozesse sind bei Beachtung der datenschutzrechtlichen Rahmenbedingungen effektive Einsatzfelder für RPA.

Weitere datenschutzrechtlich Probleme können darüber hinaus auch auftreten, wenn
durch RPA das Verhalten von Mitarbeitern überwacht wird, bzw. diese Möglichkeit besteht. Im Vorfeld eines größer angelegten RPA-Einsatzes analysiert und optimiert häufig
ein sogenanntes Process Mining die Unternehmensprozesse. Mit Hilfe des Process Mining
werden Geschäftsprozesse systematisch erfasst, analysiert und ausgewertet. Auf dieser
Grundlage kann das Unternehmen seine Prozesse bewerten, korrigieren, optimieren oder
neu erstellen. Arbeitnehmerdatenschutzaspekte und arbeitsrechtliche Probleme treten auf,
wenn durch das Process Mining oder aber auch beim späteren RPA-Einsatz an den sogenannte Mensch-Maschine-Mensch-Schnittstellen nachgewiesen werden kann, dass
einzelne Mitarbeiter die definierten Prozessabläufe nicht einhalten oder – im Vergleich
zum Rest der Mitarbeiter – hinsichtlich ihrer Arbeitsleistung abfallen. Wird ein Tool eingeführt, durch das eine solche Verhaltenskontrolle möglich ist, steht dem Betriebsrat ein
Mitbestimmungsrecht zu. Dieses Mitbestimmungsrecht besteht bereits, wenn die technische Einrichtung, die eingeführt werden soll, überhaupt die Möglichkeit bietet, das Verhalten der Mitarbeiter zu überwachen. Unerheblich ist, ob das Unternehmen die technische Einrichtung zu diesem Zweck überhaupt einsetzen möchte – es kommt ausschließlich

darauf an, dass die Möglichkeit besteht, die Mitarbeiter kontrollieren zu können. Zu Widerstand kommt es in der Regel dann, wenn ein Unternehmen RPA einführt. Diese Einführung geht mit der Befürchtung des Betriebsrats einher, dass Mitarbeiter abgebaut werden, wenn die Unternehmensprozesse optimiert und automatisiert werden (Reinkemeyer, 2020). Hier sind dann zusätzlich auch die in Abschn. 4.3.5 beschriebenen rechtlichen Anforderungen zu berücksichtigen.

Neben den Mitbestimmungsrechten des Betriebsrats sind aber auch datenschutzrechtliche Vorgaben zu beachten, wenn im Wege des Process Mining mitarbeiterscharf Informationen gesammelt werden. Die datenschutzrechtliche Problematik kann vermieden werden, wenn die Informationen anonymisiert erhoben werden und – auch nachträglich – die Informationen nicht mehr einem bestimmten Mitarbeiter zugeordnet werden können, z. B. in dem sich die Informationen stets auf Gruppen von Mitarbeitern beziehen. Ob und inwieweit dies möglich ist, hängt natürlich von den Unternehmensprozessen ab, die analysiert werden, und den Zielen, die damit verfolgt werden.

▶ **Important** Um hier Bedenken im Keim zu zerstreuen, ist zwingend zu gewährleisten, dass Datenzugriff und Datenübertragung reglementiert und abgesichert sind, die planmäßige Datenlöschung gewährleistet wird und der RPA-Einsatz am besten noch vor Einführung komplett in die Datenschutzstrategie der Bank integriert wird.

4.3.7   Spezialgesetzliche Anforderungen zur IT-Sicherheit

Als über den Finanzdienstleistungssektor hinaus Wirkung entfaltendes Spezialgesetz mit Auswirkungen auf den Einsatz von RPA ist hier insbesondere das sogenannte IT-Sicherheitsgesetz 2.0 (Zweites Gesetz zur Erhöhung der Sicherheit informationstechnischer Systeme) von Relevanz. Nach Unterzeichnung durch den Bundespräsidenten und Veröffentlichung im Bundesgesetzblatt ist das Gesetz am 28. Mai 2021 in Kraft getreten. Mit dem IT-Sicherheitsgesetz 2.0 wurde das erste Gesetz zur Erhöhung der Sicherheit informationstechnischer Systeme fortgeschrieben, um die Cyber- und Informationssicherheit vor dem Hintergrund der immer häufigeren und komplexeren Cyber-Attacken sowie der weiter voranschreitenden Digitalisierung des Alltags zu erhöhen.

Insbesondere die etlichen Änderungen des zentralen IT-Sicherheitsgesetzes Deutschlands – des Gesetzes über das Bundesamt für Sicherheit in der Informationstechnik („BSIG") – sind aufgrund der verschärften IT-Sicherheitspflichten und erhöhten Bußgelder nicht nur für die vom BSIG bereits erfassten KRITIS-Betreiber, sondern auch für eine Reihe weiterer Unternehmen relevant. Dies betrifft im Hinblick auf RPA insbesondere die Hersteller von entsprechenden IT-Produkten, die in kritischen Infrastrukturen (und damit auch Banken) eingesetzt werden.

Das IT-Sicherheitsgesetz 2.0 ergänzt die nach dem BSIG bereits bestehenden Pflichten und führt neue Pflichten ein (Bundesamt für Sicherheit in der Informationstechnik, 2021):

Pflicht zur Registrierung einer Kritischen Infrastruktur beim Bundesamt für Sicherheit in der Informationstechnik („BSI")

Neben der bereits bestehenden Pflicht der Betreiber Kritischer Infrastrukturen, eine jederzeit erreichbare Kontaktstelle für die von ihnen betriebene Kritische Infrastruktur zu benennen, wird eine Pflicht zur Registrierung einer Kritischen Infrastruktur unmittelbar verankert.

Pflicht zum Einsatz von Systemen zur Angriffserkennung

Die in § 8a BSIG verankerte Verpflichtung der Betreiber Kritischer Infrastrukturen, angemessene organisatorische und technische Vorkehrungen zu treffen, die für die Funktionsfähigkeit der von ihnen betriebenen Kritischen Infrastrukturen maßgeblich sind, wird konkretisiert. Diese Pflicht umfasst nun auch ausdrücklich den Einsatz von Systemen zur Angriffserkennung, die dem Stand der Technik entsprechen müssen.

Pflicht zur Vorlage der für eine Bewertung aus Sicht des BSI erforderlichen Unterlagen und zur Erteilung der Auskunft

Im Zusammenhang mit dieser neuen Pflicht kann das BSI zum Beispiel Auskünfte zu Kennzahlen bezüglich der jeweiligen Schwellenwerte verlangen, wenn Tatsachen die Annahme rechtfertigen, dass ein Betreiber seine Pflicht zur Registrierung nicht erfüllt.

Pflicht zur Herausgabe der zur Bewältigung der Störung notwendigen Informationen

Während einer erheblichen Störung kann das BSI, im Einvernehmen mit der jeweils zuständigen Aufsichtsbehörde des Bundes, von den betroffenen Betreibern Kritischer Infrastrukturen oder den Unternehmen, im besonderen öffentlichen Interesse die Herausgabe der zur Bewältigung der Störung notwendigen Informationen einschließlich personenbezogener Daten verlangen.

Pflichten im Zusammenhang mit dem Einsatz kritischer Komponenten

Dem Betreiber einer Kritischen Infrastruktur werden ferner Pflichten im Zusammenhang mit dem Einsatz kritischer Komponenten auferlegt.

Es handelt sich zum einen um die Pflicht, den geplanten erstmaligen Einsatz einer kritischen Komponente dem Bundesministerium des Innern, für Bau und Heimat („BMI") vor ihrem Einsatz anzuzeigen.

Zum anderen geht es um die Pflicht des Betreibers einer kritischen Infrastruktur, eine Erklärung des Herstellers der kritischen Komponenten über seine Vertrauenswürdigkeit (sog. Garantieerklärung) einzuholen. Erst nach der Einholung einer solchen Garantieerklärung darf der Betreiber einer Kritischen Infrastruktur kritische Komponenten einsetzen. Diese Erklärung muss der Anzeige gegenüber dem BMI beigefügt werden.

Auf der Grundlage der oben beschriebenen Anzeige sowie der Garantierklärung führt das BMI eine ex-ante sowie eine ex-post Prüfung in Bezug auf den Einsatz kritischer

Komponenten durch und kann dabei den geplanten erstmaligen oder auch den weiteren Einsatz einer kritischen Komponente gegenüber dem Betreiber der Kritischen Infrastruktur im Einvernehmen mit den im BSIG aufgeführten jeweils betroffenen Ressorts sowie dem Auswärtigen Amt untersagen oder Anordnungen erlassen, „wenn der (weitere) Einsatz die öffentliche Ordnung oder Sicherheit der Bundesrepublik Deutschland voraussichtlich beeinträchtigt". Zu beachten ist, dass die erfolgte Untersagung des weiteren Einsatzes einer kritischen Komponente eines Herstellers weitere Folgen für den Hersteller nach sich ziehen kann.

Entsprechend der oben beschriebenen Verpflichtung der Betreiber Kritischer Infrastrukturen, kritische Komponenten nur von solchen Herstellern einzusetzen, die eine Erklärung über ihre Vertrauenswürdigkeit gegenüber dem Betreiber der Kritischen Infrastruktur abgegeben haben, werden die Hersteller entsprechende Garantieerklärungen über die gesamte Lieferkette gegenüber dem Betreiber der Kritischer Infrastruktur abgeben (müssen).

Der Katalog der Bußgeldvorschriften wurde komplett überarbeitet: Die Bußgeldtatbestände wurden zur besseren Durchsetzung insbesondere von Auskunfts- und Nachweispflichten präzisiert und entsprechend den neu eingeführten oben beschriebenen Pflichten erheblich erweitert. Es wurde etwa der Ordnungswidrigkeitstatbestand für diejenigen KRITIS-Betreiber eingeführt, die nicht sicherstellen, dass die zu benennende Kontaktstelle jederzeit erreichbar ist oder – bei Einordnung als Unternehmen im besonderen öffentlichen Interesse nach § 2 Abs. 14 Satz 1 Nr. 1 und 2 BSIG – eine Selbsterklärung nicht, nicht richtig, nicht vollständig oder nicht rechtzeitig vorlegen.

Die Bußgelder selbst wurden dabei drastisch erhöht, um – wie in der Gesetzesbegründung aufgeführt wird – eine lenkende Wirkung erzielen zu können. Statt der nach dem bisherigen BSIG möglichen Geldbußen von bis zu 100.000 € bzw. bis zu 50.000 € können Ordnungswidrigkeiten nun – je nach Fall – mit einer Geldbuße von (i) bis zu 2.000.000 €, (ii) bis zu 1.000.000 €, (iii) bis zu 500.000 € oder (iv) bis zu 100.000 € geahndet werden.

▶   **Important** Da im Bankenbereich die Bargeldversorgung, der kartengestützte und konventionelle Zahlungsverkehr und die Abwicklung von Wertpapier- und Derivategeschäften Kraft Gesetz als kritisch gelten, sollte allein aus Vorsichtsgründen in jedem Fall von den involvierten RPA-Dienstleistern eine Vertrauenswürdigkeitserklärung eingeholt werden.

4.3.8   Spezielle Anforderungen des Lizenzrechts

Durch RPA können Schnittstellen ersetzt und Daten automatisiert zwischen zwei Systemen ausgetauscht werden. Der Bot nimmt beispielsweise vom Mailserver eingehende Nachrichten entgegen, verarbeitet diese und leitet sie zur weiteren Bearbeitung an eine andere Software weiter. Wenn der Bot hier Aufgaben übernimmt, die vorher von Mitarbeitenden erledigt wurden, kann das Lizenzrecht der verwendeten Software betroffen sein. Haben beispielsweise vorher fünf Mitarbeitende die Eingabe in der jeweiligen Software vorgenommen und übernimmt nun der Bot diese Arbeit, kann es sich aus Sicht des Lizenzgebers um eine „indirekte Softwarenutzung" handeln, die möglicherweise in den Lizenzbedingungen ausdrücklich ausgeschlossen wurde. Ebenso ist es möglich, automatisiert bestimmte Aktionen in einer Software auszulösen. Weil das RPA-Tool und die Software zwei unterschiedliche Computerprogramme sind, stellt sich die Frage, ob für diese automatisierten Vorgänge eine Lizenz erforderlich ist. In dieser Konstellation weist die Verwendung von RPA Parallelen zur sog. „indirekten Softwarenutzung" auf (Witt, 2018).

Hat die Aufgabe, die durch das RPA-Tool ersetzt wird, vormals ein Mensch durchgeführt, benötigte dieser in der Regel eine Lizenz, um die Software nutzen zu dürfen. Wird der Mensch nun durch einen Bot ersetzt, stellt sich die Frage, ob auch der Bot eine Lizenz benötigt. Zumindest der Softwareanbieter wird dies bejahen. Anderenfalls wird sein Geschäftsmodell ernsthaft in Frage gestellt. Dies wird deutlich, wenn man sich vorstellt, dass der Bot nicht nur einen Menschen – und damit eine Lizenz -, sondern eine Vielzahl von Menschen – und damit eine Vielzahl von Lizenzen – ersetzt.

Viele Softwareanbieter untersagen in ihren Lizenzbestimmungen daher dieses sog. Pooling oder Multiplexing. Auf der anderen Seite möchte das Unternehmen, das RPA einsetzt, gerade Kosten sparen. Zusätzliche Lizenzkosten oder gar ein Rechtsstreit mit den Softwareanbieter stellen ein Risiko für das Unternehmen und den Erfolg der RPA-Strategie dar.

Ob und unter welchen Voraussetzungen eine indirekte Nutzung von Software ein zusätzliches Nutzungsrecht erfordert, ist aktuell nicht geklärt. Die juristische Diskussion ist komplex. Die rechtliche Bewertung hängt dabei unter anderem davon ab, wie die eingesetzten Computerprogramme in technischer Hinsicht miteinander interagieren. Gerichtsurteile in Deutschland, die eine Tendenz vorgeben, liegen nach Kenntnis des Verfassers bis dato nicht vor.

▶ **Important** Vor diesem Hintergrund sollte das betroffene Unternehmen stets vorab gründlich untersuchen, ob im Hinblick auf die eingesetzte Software und das dahinterstehende Lizenzmodell überhaupt ein Risiko besteht, dass eine Diskussion über die indirekte Nutzung geführt werden muss.

Hat der Lizenzgeber z. B. ausdrücklich geregelt, ob und wie eine indirekte Nutzung möglich ist, kann RPA eingeführt werden, wenn diese Voraussetzungen eingehalten und umgesetzt werden. Im Zweifelsfall sollte juristisch überprüft werden, ob hier ein Problem bestehen kann.

4.4 Fazit und Handlungsempfehlung: Umgang mit RPA im Kontext regulatorischer Rahmenbedingungen

RPA können unzweifelhaft einen Beitrag zur Lösung der vielfältigen und drängenden Herausforderungen an den Finanzdienstleistungssektor leisten.

▶ **Important** Der Einsatz von RPA ist seitens des Gesetzgebers und der Aufsicht, wie aufgezeigt, in hohem Maße und aus mannigfacher Perspektive reguliert. Diese Regulierungsanforderungen sind aber nicht neu und, mit Ausnahme der Anforderungen an den Einsatz von KI, nicht RPA-spezifisch und stellen die Finanzwirtschaft somit nicht vor unlösbare Herausforderungen und sind bei planvoller und systematischer Herangehensweise allesamt erfüllbar.

Eine derart strukturierte und granulare Vorgehensweise ist nicht nur aufsichtsrechtlicher Selbstzweck, sondern zahlt unzweifelhaft auch auf den betriebswirtschaftlichen Gesamterfolg der Implementierungsmaßnahme(n) ein.

Neben der eindeutigen und frühzeitigen strategischen Grundsatzfestlegung durch die Unternehmensleitung und der daraus resultierenden Schaffung eines stringenten strategischen „Mindsets" bei den Mitarbeiterinnen und Mitarbeitern des Instituts, sind es insbesondere die verschiedenen aufsichtsrechtlich vorgeschriebenen Risikoanalysen (im Hinblick auf AT 8 und ggfs. AT 9 MaRisk, Abschnitte 3.7, 3.9, 3.11 und 8.5 der BAIT), durch deren sorgfältige und fundierte Erstellung die entscheidenden Grundlagen für den späteren Implementierungserfolg von RPA geschaffen werden. Parallel werden so auch die Grundlagen für die im Zusammenhang mit dem RPA-Einsatz nicht trivialen Dokumentationsanforderungen geschaffen. Die zuweilen völlig zu Unrecht als notwendiges Übel wahrgenommenen aufsichtsrechtlichen Herausforderungen entfalten bei systematischer Herangehensweise und Umsetzung eine den Einführungs- und späteren Betriebsprozess gut strukturierende Wirkung. Durch die dabei verpflichtend vorgesehene Beteiligung verschiedener Fachbereiche des Instituts und der verschiedenen Funktionsträger der ersten, zweiten und dritten Verteidigungslinie wird so zudem gewährleistet, dass eine ausreichend große Zahl von Personalkapazitäten mit der Thematik vertraut ist und sich auch diesbezüglich Risikokonzentrationen gar nicht erst etablieren.

Auch auf die mehrdimensional ausgeprägten, weiteren im Rahmen des vorangegangenen Kapitels beleuchteten rechtlichen Anforderungen, die im Rahmen der Einführung und des Betriebs von RPA zu bedenken und zu beachten sind, wird der Anwender bei sorgfältiger Durchführung der aufsichtsrechtlich vorgeschriebenen Risikoanalyse(n) hingeführt und damit indirekt ein großer Beitrag für eine initial und dauerhaft erfolgreiche Nutzung von RPA geleistet.

- RPA (auch gepaart mit weiteren Technologieergänzungen wie KI/AI etc.) kann Wettbewerbsvorteile generieren und findet immer mehr Einsatz in Banken und Finanzdienstleistern
- Hieraus ergibt sich die Notwendigkeit, die Technologie, ihre Einsatzszenarien und ihre Nutzung aus dem Blickwinkel der Revision heraus zu beleuchten
- Wichtig: RPA kann dabei als Prüfungsobjekt betrachtet werden (Verständnis hier), aber genauso auch selbst als Instrument zur Prüfungsunterstützung dienen
- Zu berücksichtigende Gesetzesgrundlage bei einer Prüfung von RPA in Banken ist insbesondere das KWG (und hierbei insbesondere die MaRisk und die BAIT), jedoch sind

nachgelagert auch weitere gesetzliche und regulatorische Normen wie das BGB oder die DSGVO relevant

- Werden aufsichtsrechtlich vorgeschriebene Risikoanalyse(n) durchgeführt und ein systematisches/strukturiertes Vorgehen gewählt, steht einer dauerhaft erfolgreichen Nutzung von RPA aus dem Blickwinkel der Revision nichts im Wege

Im abschließenden Kap. 5 sollen nun die Ergebnisse der fachlich geprägten Beiträge in den Kap. 2, 3 und 4 operationalisiert und in einen anwenderorientierten Umsetzungsplan übertragen werden.

Literatur

Allweyer, T. (2016). *Robotic Process Automation – Neue Perspektiven für die Prozessautomatisierung* (Working Paper Fachbereich Informatik und Mikrosystemtechnik Hochschule Kaiserslautern). http://www.kurze-prozesse.de/blog/wp-content/uploads/2016/11/Neue-Perspektiven-durch-Robotic-Process-Automation.pdf. Zugegriffen am 05.09.2022.

Atruvia. (2022). *Banking digitale Transformation.* https://atruvia.de/leistungen/wir-sind-die-moeglichmacher/banking-digitale-transformation. Zugegriffen am 14.09.2022.

BaFin. (2017). *Rundschreiben 10/2017 (BA), Bankaufsichtliche Anforderungen an die IT (BAIT) vom 03.11.2017.*

BaFin. (2019). *Protokoll zur Sitzung des Fachgremiums MaRisk am 15.03.2018.*

BaFin. (2021). *Rundschreiben 10/2021 (BA) – Mindestanforderungen an das Risikomanagement – MaRisk.*

BaFin. (2021a). *Aufsichtliche Prinzipien für den Einsatz von Algorithmen in Entscheidungsprozessen von Finanzunternehmen, Prinzipienpapier vom 15.06.2021.*

BaFin. (2021b). *Rundschreiben 11/2021 (BA) – Zahlungsdiensteaufsichtliche Anforderungen an die IT (ZAIT), Rundschreiben vom 16.08.2021.*

Becker, A. (2018). *Bearbeitungs- und Prüfungsleitfaden: MaRisk (IT) und BAIT-Mindestanforderungen an den Einsatz von Informationstechnik in Banken.*

Becker, A. (2022). *Prüfungsleitfaden BAIT, Sicherer IT-Einsatz in Kredit- und Finanzdienstleistungsinstituten.*

Behrens. (2021). *RPA in Banken – was ist mit der Compliance?* https://www.movisco.de/rpa-in-banken-compliance. Zugegriffen am 14.09.2022.

Berndt, M., et al. (2018). *Neue MaRisk.* Finanz Colloquium Heidelberg.

Berthel, J., & Becker, F. (2003). *Personal-Management* (7. Aufl.). Schäffer-Poeschel.

Bonertz, et al. (2020). *Prozessautomatisierung.* https://www.nttdata-solutions.com/FC3-Neuer-BPM-Trend-Robitic-Process-Automation.pdf. Zugegriffen am 11.09.2022.

Brettschneider, J. (2020). Bewertung der Einsatzpotenziale und Risiken von Robotic Process Automation Evaluation of the Potential Uses and Risks of Robotic Process Automation. *HMD Praxis der Wirtschaftsinformatik, 57,* 1097–1110.

Bretz, J. (2015). *IT im Fokus der Bankenaufsicht-Anforderungen der Aufsicht.* Finanz Colloquium Heidelberg.

Bundesamt für Sicherheit in der Informationstechnik. (2017). *Standard B.S.I 200-2: IT-Grundschutz-Methodik.*

Bundesamt für Sicherheit in der Informationstechnik. (2020). *Kriterienkatalog Cloud Computing C5.*

Bundesamt für Sicherheit in der Informationstechnik. (2021). *Zweites Gesetz zur Erhöhung der Sicherheit informationstechnischer Systeme (IT-Sicherheitsgesetz 2.0)*. https://www.bsi.bund.de/DE/Das-BSI/Auftrag/Gesetze-und-Verordnungen/IT-SiG/2-0/it_sig-2-0_node.html. Zugegriffen am 24.07.2022.

Bundesamt für Sicherheit in der Informationstechnik. (2023). *Kriterienkatalog für KI-Cloud-Dienste – AIC4*. https://www.bsi.bund.de/DE/Themen/Unternehmen-und-Organisationen/Informationen-und-Empfehlungen/Kuenstliche-Intelligenz/AIC4/aic4_node.html. Zugegriffen am 14.02.2023.

Bundesverband der Volks- und Raiffeisenbanken. (2020). *Muster-Risikobewertung nach BAIT mit BVR-Muster-Risikoanalyse MaRisk in einer Datei zusammengeführt, Mitgliederinformation vom 06.02.2020.*

BVR. (2020). *BVR-Umfrage zur Automation von Prozessen in Genossenschaftsbanken-Ergebnispräsentation vom 21.09.2020.*

Claaßen, M. (2015). *Anwendungsmanagement unter Berücksichtigung der MaRisk.* Finanz Colloquium Heidelberg.

Conrads, J., et al. (2015). *Benutzerrechte: Vergabe, Protokollierung, Überwachung.* Finanz Colloquium Heidelberg.

Dagianis. (2021). *Sicherer und aufsichtskonformer Einsatz von RPA-Technologie.* https://blogs.pwc.de/de/digital-trust/article/224450/sicherer-und-aufsichtskonformer-einsatz-von-rpa-technologie/. Zugegriffen am 14.09.2022.

Deutsche Bundesbank. (2017). Der aufsichtliche Überprüfungs- und Bewertungsprozess für kleinere Institute und Überlegungen zur Proportionalität. *Monatsbericht Oktober, 2017*, 45–58.

Douqué, et al. (2022). *Intelligente Automatisierung in der Immobilienfinanzierung.* https://banking-hub.de/operations/intelligente-automatisierung-immobilienfinanzierung?utm_medium=email&utm_campaign=BankingHub%20%20Newsletter%2020232022&utm_content=BankingHub%20%20Newsletter%2020232022+CID_f9804ff316c20af38e534054c0039381&utm_source=CM%20Newsletter&utm_term=Weiterlesen. Zugegriffen am 05.12.2022.

EUR-Lex. (2021). *Laying down harmonised rules on artificial intelligence (Artificial Intelligence Act) and amending certain union legislative acts.* https://eur-lex.europa.eu/legal-content/EN/TXT/?uri=celex%3A52021PC0206. Zugegriffen am 14.02.2023.

Europäische Kommission. (2020). *Entwurfsfassung Digital Operational Resiilience Act (DORA).*

Europäischer Gerichtshof. (2022). *Vorlage zur Vorabentscheidung vom 01.08.2022 – C-184/20.* https://dejure.org/dienste/vernetzung/rechtsprechung?Gericht=EuGH&Datum=01.08.2022&Aktenzeichen=C-184%2F20. Zugegriffen am 01.11.2022.

European Banking Authority. (2014). *Leitlinien zu gemeinsamen Verfahren und Methoden für den aufsichtlichen Überprüfungs- und Bewertungsprozess (SREP)* (EBA/GL/2014/13), London, Titel 6–8.

European Banking Authority. (2019). *Leitlinien zu Auslagerungen* (EBA/GL/2019/02).

European Banking Authority. (2020). *Guidelines on loan origination and monitoring* (EBA/GL/2020/06).

EY. (2018). *Mangelnde Vorbereitung auf die Integration von RPA kann ihren potentiellen Nutzen verringern. Die Interne Revision (IR) kann helfen, die Risiken zu minimieren.* https://www.ey.com/de_de/consulting/how-internal-audit-can-help-make-rpa-implementation-a-success. Zugegriffen am 28.10.2022.

FAZ. (2022). *EZB durchleuchtet mit KI-Werkzeug „Heimdall" Kandidaten für Bankvorstände.* https://www.faz.net/aktuell/finanzen/ezb-durchleuchtet-kandidaten-fuer-bankenvorstaende-18170182.html?xing_share=news. Zugegriffen am 14.07.2022.

Feldmann, C. (2022). *Praxishandbuch Robotic Process Automation (RPA) Von der Prozessanalyse bis zum Betrieb.*

Fraunhofer IAIS. (2023). *KI-Prüfkatalog.* https://www.iais.fraunhofer.de/de/forschung/kuenstliche-intelligenz/ki-pruefkatalog.html. Zugegriffen am 14.02.2023.

Genossenschaftsverband-Verband der Regionen e.V. (2021). *Hinweise zur Anwendung von MaRisk AT 8.2 bei Moduleinführungen.*

Glaser, C. (2019). *Risiko im Management.* Springer Gabler.

Gleißner, W., & Romeike, F. (2005). *Risikomanagement* (S. 211 ff.). Rudolf Haufe Verlag.

Hanenberg. (2001). Neue Entwicklungen bei bankaufsichtlichen Regelungen zur Internen Revision. *Die Wirtschaftsprüfung, 54*(7), 392–406.

Hannemann, R., Schneider, A., & Hanenberg, L. (2008). *Mindestanforderungen an das Risiko-management (MaRisk). Eine einführende Kommentierung.* Schaeffer-Poeschel.

Hannemann, R., et al. (2019). *Mindestanforderungen an das Risikomanagement, Kommentar.* Schaeffer-Poeschel.

Helfer, M., et al. (2008). Erfüllung der Anforderungen der MaRisk unter Berücksichtigung von Öffnungsklauseln-Allgemeiner Teil (AT 4-AT 9). In *MaRisk-Öffnungsklauseln: Prüfungsvor-bereitende Dokumentation.* Finanz Colloquium Heidelberg.

Hofer, M. (2011). MaRisk-Erneute Überarbeitung vor dem Hintergrund internationaler Standards. *BaFin-Journal, 1*, 6–10.

Holzapfel, M. (2020). https://marco-holzapfel.de/2020/11/11/robotic-process-automation-rpa-und-mitbestimmung-des-betriebsrats. Zugegriffen am 14.10.2022.

Internal Auditing. (2020). *Durch Den Einsatz Von Bots Revisionskapazitäten Vervielfachen.* http://internalauditing.de/w020617p/blog/2020/01/02/durch-den-einsatz-von-bots-revisionskapazitae-ten-vervielfachen/. Zugegriffen am 14.09.2022.

Koenen, D. (2016). *Wie Banken mit regulatorischen Vorgaben in der IT umgehen sollten.* Springer Professional.

Kokert, J., & Held, M. (2013). *IT-Sicherheit: Erwartungen der Bankenaufsicht.* https://www.bafin.de/SharedDocs/Veroeffentlichungen/DE/Fachartikel/2013/fa_bj_2013_11_it_sicherheit.html. Zugegriffen 14.12.2022.

Krekel, C., & Faulmann, B. (2013). Internes Kontrollsystem reduziert Risiken. In *diebank Ausg.* 1/2013, (S. 58).

Kurowski, H. (2004). Risikoorientierte Prüfung der Innenrevision. *Betriebswirtschaftliche Blätter, 53*(9), 470–473.

Landesbeauftragte für Datenschutz Niedersachsen. (2022). *Schreiben an die Genossenschafts-banken in Niedersachsen vom 02.09.2022.*

Lomanto, D. (2019). *What does it mean to think with an automation first mindset?* https://www.Ui-Path.com/blog/automation/automation-first-mindset. Zugegriffen am 16.09.2022.

Luz, et al. (2011). *Kommentar zum Kreditwesengesetz (KWG) inklusive SolvV, LiQV, Gro-MiKV, MaRisk.*

Ostrowicz, S. (2017). *Automatisierung von Serviceprozessen.* https://www.horvath-partners.com/de/magazin/ausgabe-022017/automatisierung-von-serviceprozessen. Zugegriffen am 01.11.2022.

parcIT. (2022). *Muster-Risikohandbuch 4.0.*

Petersen, J., & Schröder, H. (2020). Entwicklung einer Robotic Process Automation(RPA)-Gover-nance. In *HMD Praxis der Wirtschaftsinformatik.* (Bd. 57, No. 6, S. 1130–1149). Springer.

PWC. (2021). *Sicherer und aufsichtskonformer Einsatz von RPA-Technologie.* https://blogs.pwc.de/de/digital-trust/article/224450/sicherer-und-aufsichtskonformer-einsatz-von-rpa-technologie/. Zugegriffen am 09.11.2022.

Reinkemeyer, L. (2020). *Process Mining, RPA, BPM, and DTO.* Springer Professional.

Schmidt, C. (2020). *RPA Strategie – Entwerfen eines Target Operating Models.* https://www.ifb-group.com/blog/de/rpa-strategie-entwerfen-eines-target-operating-models. Zugegriffen am 19.09.2022.

Spateneder, E. (2005). Personalentwicklung unter dem Blickwinkel der MaRisk. In Eller (Hrsg.), *Gesamtbanksteuerung und qualitatives Aufsichtsrecht* (S. 89–104). Deutscher Sparkassenverlag.

Tomani, H. (2005). IR als wesentlicher Bestandteil der qualitativen Bankenaufsicht. In Eller (Hrsg.), *Gesamtbanksteuerung und qualitatives Aufsichtsrecht* (S. 76–88). Deutscher Sparkassenverlag.

Tsolkas, A., et al. (2010). *Rollen und Berechtigungskonzepte*. Springer Vieweg.

UiPath. (2022). *Glossary*. https://docs.UiPath.com/overview-guide/docs/UiPath-glossary. Zu-gegriffen am 09.11.2022.

Universität Innsbruck. (2022). *Auswirkungen sich verändernder Wertschöpfungsketten im Finanz-sektor auf die IT-Sicherheit*. https://www.bafin.de/SharedDocs/Downloads/DE/Bericht/dl_ab-schlussbericht_forschungsprojekt_uni_innsbruck.pdf?__blob=publicationFile&v=3. Zugegriffen am 12.12.2022.

Witt, H. (2018). *Braucht der Software-Roboter eine eigene Nutzerlizenz?* https://rpa-journal.org/braucht-der-software-roboter-eine-eigene-nutzerlizenz/. Zugegriffen am 05.09.2022.

Wundenberg, M. (2012). Compliance und prinzipiengeleitete Aufsicht über Bankengruppen. In *Schriften zum Unternehmens- und Kapitalmarktrecht* (Bd. 1, S. 92 ff.). Mohr Siebeck.

Nachdem die vorherigen Kapitel einen Einblick in die RPA-Technologie als solche, ihre mögliche strategische Bedeutung sowie – und hier sicherlich am relevantesten – die Anforderungen und Bewertung aus Revisionssicht gegeben haben, soll im vorliegenden Kapitel eine Konsolidierung der Ergebnisse erfolgen. Hierfür wird ein schematischer Umsetzungsfahrplan erstellt, der den Lesern (und Entscheidern über den Einsatz der Technologie) bei der Entscheidung pro/contra RPA-Nutzung und auch bei den späteren Umsetzungsschritten helfen soll. Abb. 5.1 zeigt den „Umsetzungsfahrplan" für RPA im Überblick. Dieser ist als Gedankenstütze zu verstehen und hilft bei der Prüfung, ob die Nutzung von RPA im eigenen Unternehmen sinnvoll ist und umgesetzt werden sollte. Dabei werden insbesondere die Perspektiven beleuchtet, die innerhalb des vorliegenden Buchs im Fokus stehen.

Im ersten Schritt wird die strategische Wettbewerbs-Perspektive untersucht. Die gelb hinterlegten Felder zeigen hier die Details. Zunächst ist die Frage zu beantworten, welche Strategie oder strategische Stoßrichtung das Institut verfolgt. Die in die Abb. 5.1 aufgenommenen Strategien sind als Beispiel zu verstehen. So erheben die Verfasser nicht den Anspruch alle praxisrelevanten Ausprägungen aufgenommen zu haben. Von Bedeutung für eine erfolgreiche Strategieumsetzung ist eine Erkennbarkeit des strategischen Profils für den Kunden. RPA kann dabei helfen, diese Erkennbarkeit a) herzustellen oder b) zu verstärken. Im Beispiel einer angestrebten Kostenführerschaft hilft eine (Prozess-) Kostenreduktion mittels RPA dabei, die Strategie zu operationalisieren, indem so Preisvorteile für die Kunden erreicht werden. Im Falle einer angestrebten Differenzierung sind beispielhaft Vorteile durch neue Prozesse, die erst dank RPA umsetzbar werden, denkbar.

M. R. Smeets et al., *Robotic Process Automation im Einsatz*, https://doi.org/10.1007/978-3-658-41956-1_5

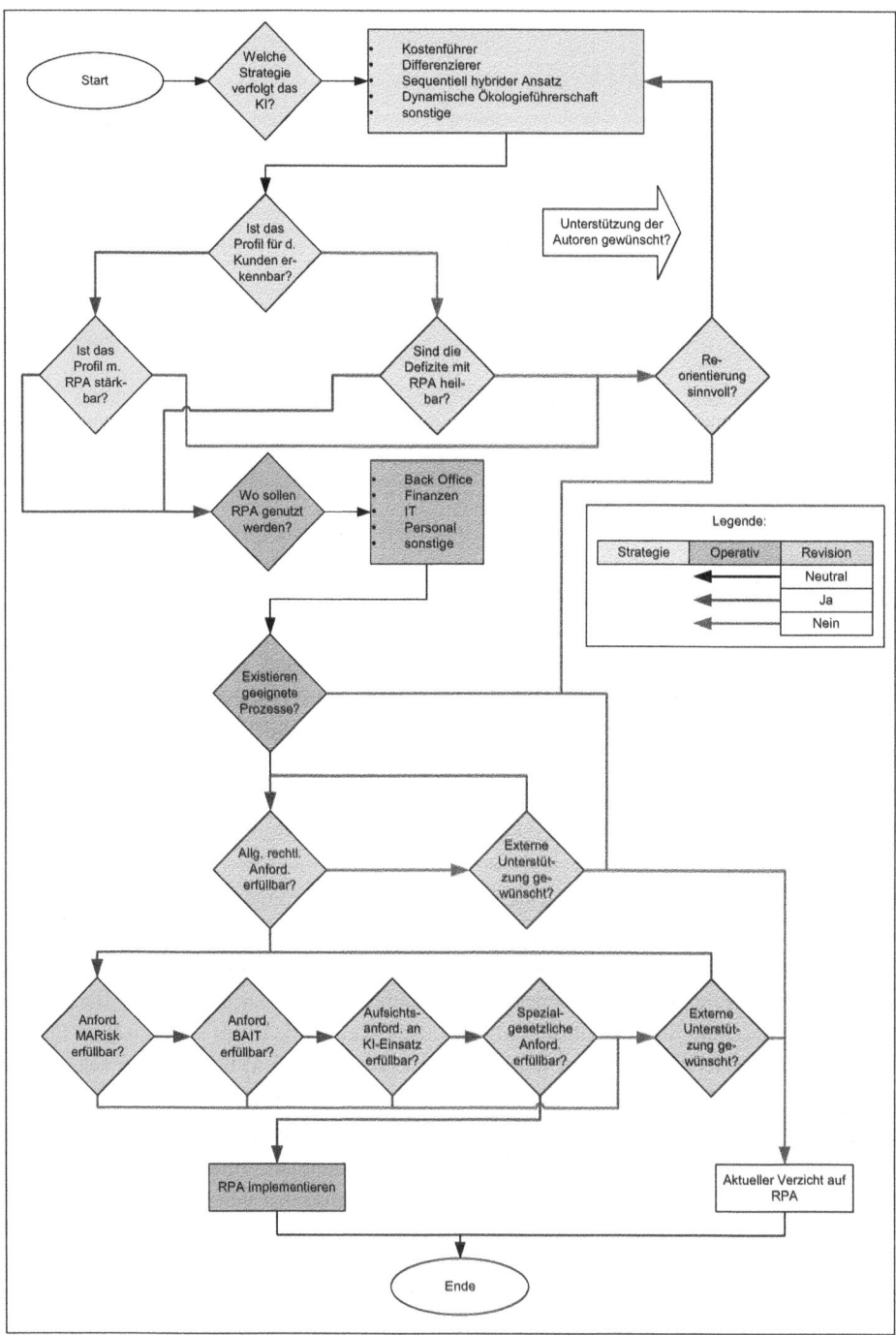

Abb. 5.1 Ganzheitlicher Prüfprozess zur RPA-Einführung (eigene Darstellung)

▶ **Important** Nicht immer eignet sich RPA. Die Technologie ist – bildlich gesprochen – eines von vielen Werkzeugen im Werkzeugkasten eines guten Prozessmanagers.

Fällt die Grundsatzentscheidung für den Einsatz von RPA, stehen zuerst operative Fragestellungen an. Diese sind an den grün hinterlegten Feldern zu erkennen. Der Einstieg erfolgt mit der Auswahl der Bereiche, die zuerst verbessert werden sollen. Auch diese Aufzählung nimmt nicht für sich in Anspruch, alle (potenziell) relevanten Bereiche zu umfassen. Im Anschluss ist zu klären, ob bzw. welche der Funktionsbereiche geeignete Prozesse enthalten.

Nach positiver Vorentscheidung für einen konkreten RPA-Einsatz ist die (aufsichts-) rechtliche Perspektive zu überprüfen. Die im vorliegenden Buch beschriebenen Aspekte sind dabei von Relevanz. Sie betreffen die (aufsichts-) rechtliche Einordnung der RPA-Technologie, die institutsspezifisch und entsprechend dem Aufsichtsgrundsatz der (doppelten) Proportionalität, wonach sich das Ausmaß des jeweiligen Risikomanagements nach Art, Umfang und Komplexität der Geschäfte des Instituts zu richten hat, zu unterschiedlichen Einschätzungen führen darf und wird. Mit der Einführung von RPA sind immer verschiedene technische, aufbau- und ablauforganisatorische Veränderungsprozesse verbunden. Um diese systematisch aufzugreifen, hält die Finanzaufsicht mit der Anforderung aus AT 8.2 MaRisk geradezu eine organisatorische „Blaupause" vor. Vor wesentlichen Veränderungen in der Aufbau- und Ablauforganisation sowie in den IT-Systemen hat das Institut die Auswirkungen der geplanten Veränderungen auf die Kontrollverfahren und die Kontrollintensität zu analysieren. In diese Analysen sind die später in die Arbeitsabläufe eingebundenen Organisationseinheiten einzuschalten. Im Rahmen ihrer Aufgaben sind auch die Risikocontrolling-Funktion, die Compliance-Funktion und die Interne Revision zu beteiligen. In diesem Rahmen gilt es, die allgemeinen rechtlichen Anforderungen wie auch die für Institute und Finanzdienstleister spezifischen Anforderungen (bei Banken sind dies insbesondere die MaRisk und die BAIT) zu erfüllen. Die hier relevanten wesentlichen Aspekte sind im Ablaufplan blau hinterlegt. Sind die grundlegenden Vorprüfungen zur Erfüllung der rechtlichen Rahmenbedingungen mit einem positiven Ergebnis abgeschlossen, folgt nun die konkrete Umsetzungsphase. Hier ist der konkrete RPA-Prozess in einem (idealtypisch) 8-stufigen Prozess (siehe Abb. 2.6) zu implementieren. Hiermit hat der Prozess sein Ende gefunden und kann im Bedarfsfall – zu einem späteren Zeitpunkt – erneut beginnen.

The manufacturer's authorised representative in the EU is Springer
Nature Customer Service Centre GmbH, Europaplatz 3, 69115 Heidelberg,
Germany. If you have any concerns regarding our products, please
contact ProductSafety@springernature.com

Printed and bound by CPI Group (UK) Ltd, Croydon, CR0 4YY
24/04/2026
02096345-0016